KB022211

나는 내 삶도
소중한
엄마입니다

enough
about
the baby

**엄마와 아기의 첫 1년을
따스하게 채워줄 116개의 조언들**

베키 비에이라 지음

정미화 옮김

———————————— ,

나는 내 삶도
소중한
엄마입니다

길벗

들어가며

내 출산 예정일 한 달쯤 전에 친구가 아기를 낳았다. 그녀는 당연히 정신없이 바빴고, 출산 후 몇 주가 지나고 나서야 겨우 연락이 닿았다. 나는 딸이 태어난 이후 그녀의 틀에 박힌 일상 이야기를 듣겠거니 싶었다. 산후조리를 하면서 피곤한 나날을 보내고 있지만, 이루 말할 수 없이 행복하고 사랑에 푹 빠졌다는 식의 이야기를 말이다. 초보 엄마들은 모두 그렇게 말하지 않나?

"정말 끔찍했어." 그녀는 이렇게 말문을 열었다. "아, 오해하지 마. 아기는 정말이지 엄청 사랑스러워. 그리고 엄마 되는 게 당연히 힘들 것도 각오했어. 그런데 예상과 현실이 완.전.히 달라. 배 속에 있던 아이가 밖으로 나왔을 뿐인데 세상이 완전히 달라졌다니까? 내 의지로 할 수 있는 게 거의 없어. 어느 정도냐면 마트 가려고 잠깐 운전대를 잡았는데 너무 낯선 거야. 고작 며칠 지났는데 말이야. 밥도 마음대로 못 먹어. 남편이 퇴근해야 겨우 먹을 수 있는데, 기껏해야 식은 햄 몇 조각 입 안에 밀어넣는 것이 고작이라고. 진짜 살기 위해 먹고 있어."

친구는 두려워했고 자신감도 바닥까지 떨어진 듯했다.

"마치 절벽 끝에 위태롭게 서 있는데, 안전한 곳 찾는 법을 잊어버린 것 같아."

충격이었다. 나는 엄마가 되는 것에 대해 이렇게 말하는 것을 들어본 적이 없었다. 물론 힘든 일이라는 것은 알고 있었다. 그런데 이 정도라고? 친구가 지나치게 호들갑을 떠는 것처럼 보였다. 그녀가 그런 어려움을 겪고 있다는 것이 안쓰러웠지만, 나는 그렇지 않겠거니 생각했을 뿐이었다. 어쨌거나 엄마가 되는 것을 이런 식으로 말한 사람은 그녀가 처음이었으니까. 어쩌면 출산 후 호르몬의 급격한 변화로 그녀의 판단이 흐려진 것은 아니었을까?

아니었다. 벌써 여섯 살이 된 아들 아치를 낳고 나 역시 이 가련한 친구와 거의 같은 기분이었다. 왜 우리 둘만 그런 기분이 들었는지 의아할 따름이다. 그게 아니라면 왜 아무도 나한테 모든 진실을 말하지 않았던 걸까?

누군가 일부러 이런 정보를 알려주지 않으려 했다고는 생각하지 않는다. 많은 초보 엄마들이 일단 엄마가 되고 다음 단계로 넘어가면 초기 시절은 잊어버린다. 출산 후 첫 몇 개월의 냉혹한 현실이 끝나면 그 시절 이야기를 공유하는 것은 그리 중요하지 않은 셈이다. 여성들 스스로 진통과 분만의 고통스러운 부분을 뇌에서 차단한다는 농담을 오래도록 해왔다. 그렇지 않다면 두 번 다시는 아기를 갖고 싶지 않을 거라며 말이다. 어쩌면 이 농담에 진실이 숨어 있을지 모르겠다. 수많은 연구에서 임신 중에 일어나는 다양한 생물학적 변화들이 뇌의 기능, 특히 기억에 영향을 미치는 것으로 나타났다. 요컨대 우리 몸은 뇌가 좋은 부분에만 집중하도록 만들어서 우리가 아기를 또 낳고 인류가 이어지도록 노력하는 것일 수도 있다는 말이다. 물론 이것은 그보다 훨씬 복잡한 문제이기는 하다.

○

"누구나 해봤으니 그렇게 나쁘지는 않을 거야."
엄마가 되는 것이 얼마나 어렵고 녹록지 않은 일인지
여성들이 연대감을 느끼며 함께 뭉치는 대신
이런 분위기에 싸인다.

모성에 대한 보편적인 인식도 우리에게 불리하게 작용하는 것 같다. 우리 앞 세대 엄마들은 불쾌한 부분을 세세하게 이야기하지 않았기 때문에 많은 이들이 왜 지금 세대는 그런 이야기를 하고 싶어 하는지 이해하지 못하는 것이다. 그들은 출산 후 첫 배변의 고통에 대해 말하지 않았고, 기저귀로 터질 것 같은 가방을 챙기지 않고서는 다시는 집을 나설 수 없다는 실존주의적 공포감도 언급하지 않았다. 그들의 엄마가 그들에게 절대 말하지 않아서 그들은 우리에게도 말하지 않고 있다. 그들 스스로 침묵을 지키며 이겨냈으니 우리도 똑같이 하도록 하는 것이다.

그들은 우리가 이전 세대 엄마들을 따라서 침묵하기를 원할지도 모른다. 출산은 세대를 거쳐 이어져 온 일이니 여성들이 우울한 기분이나 헐어버린 젖꼭지의 고통을 입 밖으로 내서는 안 된다고 생각하거나 아니면 질투심 때문에 여전히 침묵을 지키는 것일 수도 있다. '우리는 힘겨운 일을 대놓고 얘기하지도 못했는데, 왜 너희 세대는 해야 하는데?'라는 식이다. 설령 그것이 아무리 어렵다고 해도 이전 세대 입장에서 엄마가 되는 것은 '직업'인 셈이다. 그러므로 그들이 한때 그랬던 것처럼 우리도 '나 죽었네' 하면서 입 다물고 주어진 일을 해야 하는 것이다.

잠깐, 여기서 이런 침묵이 대세가 된 이유를 사회학적으로 살펴보려는 것이 아니다. 엄마가 되는 것에 관해 모든 면에서 건전한 대화를 할 수 있는 것이야말로 우리의 행복에 꼭 필요하다는 말을 하려는 것이다.

○
여성들은 엄마가 되는 것의 어려운 면에 대해
아무 말도 하지 않도록 길들여졌다.
이런 현실을 바꾸려면 우선 엄마가 되는 것이
어떤 일인지 알아둘 필요가 있다.

누군가 출산의 어려움을 말하면 사람들로 하여금 엄마가 되는 것을 두려워하게 만든다며 정색하고 나무라는 부류가 있다. 그런가 하면 은근슬쩍 화제를 바꾸거나 혹은 말을 못하게 할 심산으로 상대방의 경험이 그리 대단하지 않다고 창피를 주며 자신의 '멋진 경험'을 소환하는 부류도 있다. 어떤 여성들, 특히 다른 엄마들이 내가 솔직해지기를 바라지 않는다는 것을 처음 깨달았을 때는 충격 그 자체였다.

어느 날 공원에서 한 아기 엄마가 안부를 물었을 때 나는 솔직한 심정부터 밝혔다. "제대로 하는 게 없는 것 같아서 무서워요." 그리고 이야기를 이어갔다. "어제는 글쎄 아들 기저귀가 넘쳐서 우주복 등까지 엉망이 되었는데 20분이나 눈치도 못 챘다니까요." 그녀는 나에게서 눈길을 돌렸고 아무 말도 하지 않았다. 나는 즉시 이 대화가 형식적인 소통의 의도를 담고 있었다는 사실을 알아차렸다. 그녀는 실제 내 안부가 궁금한 것이 아니었다. 그저 예의상 물어본 것뿐이었다.

그리고 이런 상황은 끊이지 않았다. 아기들 놀이 수업에서 만나는 다른 엄마들이나 가까운 친구들 또는 이웃들, 심지어는 휴일 저녁 식사 자리에서 나이든 친척들과 이야기하는 동안에도 그런 일이 벌어졌다. 그들은 꼰대 같은 말투로 이렇게 말했다. "뭐, 우리도 다 겪었던 일이고, 다들 이겨냈잖니." 다른 말로 하면 이런 뜻이었다. "애송아, 입 좀 닥쳐."

○

우리가 진짜 겪은 일에 대해 침묵하는 것은
그 누구에게도 도움이 되지 않는다.
엄마가 되는 여정을 필요 이상으로
훨씬 어렵고 외롭게 만들 뿐이다.

세대 간의 기대치나 사회적 기대치 차이에 더해 오늘날의 엄마들에게는 골치 아픈 SNS 문제가 있어서 상황은 더욱 만만치 않다.

예를 들어, 나는 엄마로서 힘든 하루를 보낼 때면 종종 아이에 대한 인내심이 부족한 것 같은 기분이 든다. 그런 날에는 울거나 일찍 잠자리에 든다. 우리 집은 일주일 동안 고릴라 무리의 수련회를 주최한 것 같은 모양새일 테지만, 나는 저녁으로 시리얼을 내놓고는 평소보다 한 시간 일찍 잠자리에 들겠다고 선언한다. 그러고 나서 겨우 아이를 침대에 누이고 나면 나만 이런 게 아니라는 위안을 얻기 위해 SNS에 들어간다. 하지만 나와는 전혀 다른 일상을 보내는 '엄마 인플루언서'의 피드가 나타날 가능성이 매우 높다. 완벽한 옷차림의 엄마와 다섯 아이들(엄마와 커플룩 차림이다)이 온통 하얗고 아주 깨끗한 주방에 앉아 있는 사진과 함께 이런 글이 달려 있을 것이다. "다들 아시겠지만, 전 항상 있는 그대로 솔직한 모습을 보여드려요. 오늘은 다섯 아이의 엄마로서 가장 힘든 날 가운데 하루였어요. 그래서 제 비밀을 알려드리려고 해요. 상황이 힘겹고 울고 싶을 때 저는 아이들을 데리고 'XX 브랜드'의 쿠키를 함께 만들며 기분 전환을 한답니다. #광고"

모두 거짓말은 아니다. 사진 속에서 그녀는 아이들과 쿠키를 굽고 있다. 하지만 우리는 프레임 밖에서 벌어지고 있는 일들은 전혀 보지 못한다. 빨래 더미가 쌓인 얼룩진 소파에서 그녀가 여섯째 아이를 안고 제대로 '멘붕'에 빠져 있을지 모를 일이다.

SNS에서는 이용자가 타인이 볼 수 있는 대상이나 범위를 선택할 수 있다. 필터의 마법을 벗겨내고 온라인에서 '진짜' 엄마를 찾는 일은 우리에게 달려 있다. 힘든 날에 깨끗한 주방에서 쿠키를 굽지 않는 엄마. 아이들에게 소리를 지르고선 빵점짜리 엄마가 된 기분이 들어 울었다는 이야기를 털어놓는 엄마.

나는 엄마가 되는 것에 대해 솔직하게 이야기하는 그런 엄마가 되고 싶었다. 먼저 여러 매체에 기고하며 내 경험담을 공유했고 곧이어

SNS로 관심을 돌렸다. SNS 상에서 나는 좋은 점뿐만 아니라 소리 지르고 울었던 날에 대해서도 이야기하는 완벽하지 않은 엄마들 중 한 명이었다. 그러자 즉각 비슷한 경험을 했던 다른 엄마들과 연결고리가 생겼다. 나만 그런 게 아니고 내 이런 감정이 일반적이라는 사실을 알려준다는 이유로 엄마들이 서로의 이야기에서 위안을 얻는 모습을 직접 확인했다. 그것이 이 책을 쓰게 된 계기가 되었다.

엄마가 된 첫해에 대해 내가 알았더라면 좋았을 것은 그것이 전부였다. 나는 수백 명의 엄마들 외에 의사와 간호사뿐 아니라 모유 수유, 유아 수면, 가족 치료, 심지어 아기용 카시트 설치 전문가와도 이야기를 해봤다. 이 책에는 아이가 태어났을 때 내가 걸었더라면 좋았을 편안한 길로 예비 혹은 초보 엄마를 안내하는 데 도움이 될 모든 내용을 담았다. 처음 엄마가 된 이들이 이야기해야 하지만 보통은 말하지 않는 것들이다.

○

엄마가 되는 것은
모든 면에서 생각보다 어렵지만,
더 좋은 점도 있다.

다만 우리가 간절히 바라는 동시에 필요로 하는 솔직함을 보여주는 것을 넘어, 우리 스스로 앞장서서 여성이자 엄마로서 자기 자신을 옹호해야 한다. 우리가 그렇게 하지 않으면 다른 누구도 그렇게 하지 않을 테니까. 우리는 아이들, 파트너 등 다른 모두의 건강과 행복을 위해 나 자신의 건강과 행복을 희생하는 삶을 시작하게 될 것이다. 그러나 훌륭한 엄마가 되면서 아울러 자신의 욕구를 충족시키는 일은 충분히 가능하다. 안타깝게도 사회가 아직 우리에게 그런 서비스를 제공할 준비가 되어 있지 않았을 뿐이다. 그러니까 내 파트너와 주변 사람들부터 시작해 우리가 그런 것을 요구해야 하는 것이다.

우리가 신기한 존재인 마냥 엄마를 슈퍼히어로라고 부르는 경우가 많다. 나는 솔직히 사회가 우리를 그렇게 부르기 시작했다고 생각한다. 그들 입장에서는 실제 나서서 돕는 것보다 우리를 칭찬하는 것처럼 하면서 뒤로 물러나 우리에게 책임을 떠맡기는 편이 훨씬 쉽기 때문이다.

이기적이어도 괜찮다. 엄마가 되는 이 여정에서 내가 주인공이어도 괜찮다. 사실 엄마가 그렇게 할 수 있어야 엄마와 아기 모두 잘 지낼 수 있다.

○

아기는 괜찮을 것이다.
모두가 아끼고 충분히 돌볼 테니까.
그러니 이제 나 자신에게 집중해보자.

용어에
대하여

모든 가족은 독특하고, 서로 다르지만 똑같이 존중할 만한 방식으로 구성되어 있다고 생각한다. 부모라고 해서 모두 결혼한 상태이거나 같은 집에서 사는 것은 아니다. 엄마가 두 명인 가족이 있는가 하면 아빠가 두 명인 가족도 있다. 한부모, 입양부모, 양부모, 부모 같은 인물 등 부모의 형태도 다양하다. 그리고 엄마 입장에서도 아내, 남편, 여자친구, 남자친구, 파트너 등 양육을 분담하는 상대의 유형은 제각각이다. 이 다양한 상황을 매번 되풀이해서 언급할 수는 없기 때문에 '파트너'라는 명칭으로 통일하려고 한다. 나에게는 남편이 있으니 내 이야기를 할 때는 '남편'이라는 용어를 사용할 것이다.

의학적 조언에
대하여

나는 엄마들을 옹호하는 사람이다. 현실에 귀를 기울이고 엄마가 되는 획기적인 일을 추진하는 데 도움을 주려는 사람일 뿐이다. 의사도, 간호사도, 심리학자도, 정신과 의사도, 심리 치료사도, 상담사도, 조산사도, 출산 상담사도, 모유 컨설턴트도, 수면 컨설턴트도, 아기용 카시트 설치에 관한 공인 기술자도 아니다. 자세한 의학 정보를 찾는다면 본문 곳곳의 '전문가 조언'이나 '부록(258쪽)'을 참고하길 바란다. 자신의 건강 문제나 의학적 결정에 관해서는 항상 의사와 상담하는 것이 중요하다.

출산 과정과
의료진에 대하여

임산부의 출산 장소는 병원 분만실에만 국한되지 않을뿐더러 의료진이라고 하는 사람들이 엄밀히 말해 의사와 간호사만 있는 것은 아니지만, 내 경험상 임산부 대부분은 의료진의 관리 아래 병원에서 출산을 한다. 그런 이유로 1장과 2장은 구체적으로 병원에서 출산하고 회복하는 경우에 초점을 맞췄다.

차례

병원에서

아기가 나왔다.
이제 어떻게 하지?

　　　　　　　　　　　　"어떻게 생겼어? 머리카락은 있어?"

나는 이제 막 세상 밖으로 나온 내 아기를 보기 위해 분만실을 둘러보며 남편에게 물었다. 허리 아래쪽으로 감각이 없었고, 의사가 절개 부위를 봉합하는 동안 누워 있던 침대(아니면 수술대였나?)에서 머리를 고작 몇 센티미터밖에 들 수 없는 상황을 생각하면 현재 내 위치에서 아주 작은 아기를 찾아낼 가능성은 별로 없어 보였다.

　　"머리카락이 있어." 남편이 대답했다. 남편의 시선이 분만실 한구석에 단단히 꽂혀 있던 터라 나는 그가 우리 아기를 보고 있다고 짐작할 수 있을 뿐이었다. "그리고 검은색이야."

　　좋아. 검정머리 아기라. 그런데 나는 언제쯤 아기를 볼 수 있는 거지? 왜 아무도 나에게 아기를 보여주지 않는 거지? 〈라이온킹〉의 아기 심바처럼 아기가 내 몸에서 나오자마자 의사가 아기를 머리 위로 들어 올릴 거라고 기대했던 것은 아니지만, 지금쯤은 누군가 나에게 아기를 잠깐이라도 보여줄 거라고 생각했다. 어쨌든 나는 39.4주 동안 내 자궁 안에서 아기를 만들었으니까. 그럼 자동적으로 나한테 아기를 대면할 VIP 자격이 있는 거 아닌가?

알고 보니 아니었다. 일부러 아기를 보지 못하게 한다는 생각은 들지 않았지만, 당시에는 무슨 일이 일어나고 있는지도 몰랐다. 나중에서야 이것이 일반적인 상황이고 의료진은 내 아기의 아프가 점수_{Apgar score}를 측정하고 있다는 것을 알았다. 아프가 점수는 출생 직후 신생아의 건강 상태를 피부색, 맥박, 자극에 대한 반응, 근긴장도, 호흡 능력 같은 다섯 가지 항목으로 나눠 점수로 평가하는 방법(각 항목 2점씩 총 10점 만점이며, 8점 이상 시 정상으로 판단함—옮긴이)이다.

그런 상황은 이후에도 한동안 이어졌다. 남편은 분만실 구석에 있는 아기에게 정신이 팔려 있었다. 의사는 절개 부위를 봉합하며 중간중간 내 상태를 확인했다. 그리고 나는 혼자서 생각에 빠져 있었다. 나는 울지 않았다. 울어야 하는 거 아니었나? 울지 않았다는 사실이 내가 어떤 유형의 엄마인지 말해주는 걸까? 아무것도 내 예상대로 되지 않았다. 물론 그런 예상이란 것은 내가 TV나 영화에서 봤던 것들이 기준이었다.

나는 초대받지 않은 참관인 같은 기분이 들어서 잠자코 있었다. 의사와 간호사들은 중요한 공적 업무를 하느라 분주해 보였다. 방해해서는 안 될 것 같아 나는 침묵을 지켰다. 만약 그때로 돌아갈 수만 있다면 원하는 것을 입 밖으로 표현하라고 나 자신에게 말하고 싶다. 그 기념비적인 인생의 순간에서 너무 많은 것을 놓쳤기 때문이다. 더구나 나는 침묵을 지킬 필요가 없었다. 단지 출산 직후 일반적으로 무슨 일이 벌어지는지 알지 못했을 뿐이다.

병원에서 맞은 첫날 밤, 아기에게 젖을 먹이고 얼핏 잠이 들려던 참이었다. 병실 불이 켜지고 간호사가 들어왔다. "목욕 시간입니다." 나는 정신이 없어서 내가 목욕할 시간이라는 줄 착각했다가 곧바로 아직 자고 있는 내 딸을 말한다는 것을 깨달았다. 시계를 봤는데 놀랍게도 새벽 1시였다. 우리 부부는 서로를 쳐다봤고, 남편은 어깨를 으쓱거렸다. 간호사는 남편에게 아기 목욕을 거들게 했다. 우선 자고 있는 갓난쟁이 딸을 깨워야 했는데, 그 바람에 딸이 악을 쓰며 울었다. 자지러지게 우는 소리는 목욕 내내 이어졌다. 간호사는 우리에게 깨끗하지만 히스테리를 부리는 아기를 맡기고는 잠을 좀 자라고 했다. 아마도 그녀는 우리가 바로 그러려고 애쓰고 있었다는 사실을 눈치채지 못했던 것 같다.

만약 잠 좀 잘 수 있도록 나중에 다시 와달라고 요청할 수 있다는 것을 알았다면 나는 그렇게 했을 것이다. 실제로 18개월 뒤 둘째 딸을 낳았을 때, 병원 직원은 더 이상 신생아 목욕은 시키지 않고 분만 직후 씻기기만 한다고 알려줬다. 얼마나 다행이던지.

　나는 이것이 엄마가 된 나에게 누군가 말해줬으면 좋았을 수많은 것들 가운데 첫 번째가 될 거라는 사실을 알지 못했다. 어쩌면 엄마가 되는 여정 전체가 완전히 달라질 수 있었는데. 그리고 더 나은 여정이 되었

을지도 모르는데.

엄마들 대부분이 말하듯, 아기를 낳고 만나는 일은 상상했던 것보다 훨씬 감동적일 것이다. 당신은 모든 것이 완벽하도록 최선을 다해 준비하며 약 40주를 보낸 것이다. 아기용 카시트를 알아보고, 강좌를 듣고, 수십 번 진료를 받고, 출산 계획을 세우고, 임신 기간 동안 몸 상태를 최상으로 관리하는 등 내 아기가 세상에 나오는 것을 환영하기 위해 할 수 있는 모든 준비를 다했다. 결국 당신은 첫 번째 초음파 검사에서 간신히 알아볼 수 있던 작은 얼룩이 아기로 자라는 동안 보호하는 그릇이었던 셈이다.

35세가 넘은 여성으로서 내 임신은 '노산'으로 간주되었고, 임신 기간은 여러 의료 전문가들이 예의 주시하는 가운데 지나갔다. 임신 후기(임신 29주부터 출산까지의 시기—옮긴이)에는 일주일에 세 번 정도 진찰을 받았다. 하지만 임신 기간은 출산을 하자마자 갑자기 끝났다. 나는 더 이상 주인공이 아니라는 것을 알았다. 전적으로 내가 주인공 대접을 받을 필요는 없었다. 하지만 조금은 그런 대접을 받았어야 했다는 말이다.

내 몸이 더 이상 아기를 성장시키고 보호하는 그릇 역할을 하지 않으면 즉시 내 자신의 건강과 행복을 포기해야 할까? 절대 그렇지 않다. 병원에 있는 동안 나에게 필요한 것을 소홀히 해서는 안 되며, 당연히 그럴 필요도 없다. 하지만 약간 '이기적'이 되어야 할 수도 있다. 말하자면 스스로를 두둔하고 지켜야 한다. 너무나도 귀여운 아기가 태어나자마자 당신은 중요도 면에서 격차가 큰 2위로 떨어지게 될 것이기 때문이다. 그리고 자신의 가장 기본적인 욕구를 말하는 것조차 이기적이라고 느낄 수도 있지만, 단언컨대 그것은 사실이 아니다. 당신의 아기는 행복하고 건강한 엄마를 가질 자격이 있다. 그리고 당신은 새로운 역할을 즐길 자격이 있다. 안타깝지만 내가 나서서 주도권을 잡지 않으면 내 모든 욕구가 충족될 거라고 장담할 수 없다. 스스로 나서서 주도권을 잡는 것이야말로 멘탈이 가장 약해졌을 때 해야 할 일이다.

전문가 조언

출산 트라우마birth trauma는 실제 있으며 다양한 형태로 나타납니다. 출산하는 동안 내 몸에 대한 주도권을 어느 정도 잃는 경험을 하게 되는데, 무슨 일이 벌어지고 있는지 알면 기분이 한결 편안해지는 데 도움이 될 거예요. 담당 의사에게 진통과 분만 과정의 각 단계에서 벌어지는 일을 자세히 설명해 달라고 요청하고, 어떤 상황인지 마음속으로 그려보세요. 분만실에서 특별히 원하는 것이 있으면 의사에게 요청해도 아무런 문제가 되지 않습니다. 음악 틀기, 사진 찍기 등 허용 사항에 대한 결정은 병원마다 다르지만, 일반적으로 의료진은 산모의 건강에 부정적인 영향을 미치지 않는다면 어떤 요구든 들어주려고 할 거예요.

●크리스틴 스털링, 산부인과 전문의

조금 전 아들을 출산했던 수술실로 되돌아가자 이가 딱딱 부딪치기 시작했고 경막외 마취로 여전히 감각이 없는 두 다리가 떨리고 있음을 느꼈다. 실감이 나지 않았다. 내 주변에서 움직임은 있었지만, 실제 나를 보고 있는 사람은 아무도 없는 것 같았다. 유체이탈 체험이 이런 느낌일까? 마치 핵심 참가자가 아니라 멀찍이 떨어져서 이 광경을 지켜보는 것 같았다. 속에서 신물이 올라오는 기분이 들었다. "아픈 거 같아요." 누구나 들을 수 있을 만큼의 큰 소리는 아니었지만, 조심스레 입을 열었다. 다시 시도했다. "내가 아픈 거 같다고요!" 이번에는 연극조로 한 마디 한 마디를 강조하듯 말했다. 다들 이런저런 중요한 일을 하는 가운데 누군가 나를 도와주기 위해 일을 멈춰야 한다는 것에 죄책감이 들었다.

한 간호사가 의료용 멀미 주머니처럼 생긴 것을 들고 나타나더니 주머니를 내 입 아래에 갖다 댔다. 나는 토하기 시작했고, 담당 의사와 간호사가 경막외 마취의 부작용으로 보이는 증상에 어떤 약을 처방할 것인지 의논하는 소리가 들렸다. 나는 그냥 잠들고 싶었다.

"아기가 왔어요."

채 5분도 지나지 않아 다른 간호사가 다가와서는 가슴 위에 아기를 내려놓았다. 아들이 어떤 모습이며 아들을 안으면 어떤 기분일지 상상하면서 수개월을 보냈는데, 마침내 그 순간이 온 것이다. 하지만 구역질이 너무 난 나머지 그저 아들을 빤히 쳐다보며 어떤 감정에 휩싸이기를 기다렸다. 남편은 눈물이 그렁그렁한 채 우리 모자를 내려다보고 있었다. 나는 계속 토를 해야겠다는 느낌밖에 들지 않았다.

팔로 아들을 감싸 안았는데, 아기가 어찌나 작은지 깜짝 놀랐다. 특히나 최근에 울혈이 생긴 내 가슴과 비교하니 아들의 머리 크기는 그 절반도 되지 않았다. 나는 잊지 못할 일을 해야 될 것 같아서 아들을 바라보며 말했다.

"안녕. 우리가 네 부모란다. 아마도 어느 순간 우리가 널 당황스럽게 할 테지만, 항상 널 사랑한다는 걸 알아주렴.”

수술실에서는 웃음이 터졌고, 나는 스스로에게 만족스러웠다. 주변의 반응을 보니 내가 옳은 일을 했다는 기분이 들었다.

아들은 너무 연약하고 힘도 없어 보였는데, 어찌 된 일인지 내 가슴쪽으로 몸을 꼬물꼬물 움직이기 시작했다. “엄마 젖을 먹으려나 보네.” 누군가 묘하게 신난 듯한 목소리로 말했지만, 나는 그저 웃어넘겼다. 지금 그런 일이 벌어질 수는 없었다. 특히나 여전히 내 몸은 속에서 올라오는 신물을 뱉어내려고 애쓰고 있었다. 하지만 내 생각이 틀렸다.

한 간호사가 아들이 젖을 물도록 잡고 있는 동안 다른 간호사는 멀미 주머니를 내 입 아래에 똑바로 댔다. 방금 전까지만 해도 무력해 보였던 그 조그마한 입이 손이라도 되는 양 아주 단단히 내 젖꼭지를 물고 있었다. 아들 입 속에 고인 것이 침이었나? 아니면 산성 물질이었나? 왜냐하면 따가운 느낌이 들었기 때문이다.

“도와주세요.” 나는 속삭이듯 말했다.

“잠시만요, 산모. 아기 먼저 젖을 먹여야 해요. 그런 다음 도와드릴게요.” 누군가 말했다. “하지만 지금 아주 잘하고 계세요!”

나는 내 아들이 필요한 보살핌과 관심을 받고 있다는 사실에 기뻤다. 하지만 누군가 9개월 넘게 나를 안전하게 감싸줬던 의료 서비스의 장막을 재빨리 걷어내고 얼굴에 찬물 한 바가지를 끼얹은 것 같았다. 나는 아들이 그냥 우선순위가 아니라는 것을 깨달았다. 절대 우선순위였다. 나는 아들이 필요한 모든 것, 즉 모든 보살핌과 관심을 받기를 원했다. 그러면 나도 좀 받을 거라고 기대했던 것 같다.

내가 혼자라는 것을 깨달은 정확한 순간을 꼽아야 한다면 출산 후 병실로 내려가 엄마의 반가운 마중을 맞았을 때였다. "넌 좋아 보이니 내 손자 좀 보러 가도 괜찮겠지?" 엄마가 물었다. "병원에서 지금 손자를 안아 볼 수 있다고 하잖니!" 머리가 멍한 상태였어도 엄마 목소리에서 흥분을 느낄 수 있었다. 그러라는 말을 웅얼거리는 사이 엄마는 바로 가버렸다.

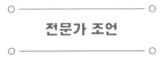

전문가 조언

출산 후 첫 한 시간을 '골든아워golden hour'라고 부릅니다. 산모가 갓 태어난 아기에게 젖 물리기를 시도하기 좋은 시간이지요. 엄마와 아기가 되도록 빨리 스킨십을 실시하면 이 골든아워가 출산 후 첫 두 시간까지 늘어나는 경우도 있답니다. 하지만 제왕절개 수술을 한 산모의 경우에는 이 과정이 지체될 수 있다는 인식이 있고, 대체로 제왕절개를 통해 태어난 아기에게는 이 골든아워 동안 거의 수유가 이뤄지지 않습니다. 여하튼 골든아워의 가장 중요한 점은 엄마와 아기가 아무런 방해도 받지 않고 스킨십을 하는 시간이라는 겁니다. 모유 수유를 조기에 시작할 수 있다는 건 부차적인 이점이에요. 아기와의 스킨십이 모유 수유를 하는 산모와 분유 수유를 하는 산모 모두에게 권장되는 이유는 그 놀라운 이점 때문입니다. 아기는 젖을 줄 때까지 기다릴 수 있어요. 특히 엄마의 몸 상태가 좋지 않다면 더욱 그렇고요. 첫 수유에 대한 발언권은 언제나 산모에게 있습니다. 우리에게는 항상 우리 자신을 옹호할 권리가 있습니다.

●레아 카스트로, 수유 전문 컨설턴트

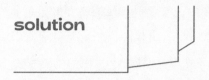

solution

병원에 가기 전 당신이 알아두어야 할 사항을 정리했습니다. 앞서 경험한 수백 명의 다른 엄마들 이야기를 종합한 거라 분명 도움이 될 거예요.

1 자궁 마사지(자궁저부 마사지)도 산후조리의 한 부분이에요

미리 일러둡니다. 마사지라는 단어를 사용했다고 들뜨진 마세요. 이제껏 알고 있던 단어의 느낌과는 다를 거예요. 자궁 마사지는 출산 후 출혈을 막고 자궁 수축을 촉진하기 위해 실시하는데요. 마치 누군가 엠파이어스테이트 빌딩 꼭대기에서 내 몸통 위로 볼링공을 직통으로 떨어뜨리는 느낌이 들 거예요. 억지로 견딜 필요는 없지만 하루에 몇 번씩 실시하세요.

2 아기와 당신 모두 기저귀를 착용할 거예요

당신은 고기능의 성인용 기저귀를 착용하게 될 거예요. 할머니풍 망사 팬티에 마치 수영장 킥보드 크기의 대형 패드가 붙어 있는 듯한 기저귀가 필요한 이유는 산후 출혈과 오로 배출 때문입니다. 결코 가벼운 얼룩이 아니고, 기저귀 내부가 마치 범죄 현장처럼 보일 수 있어요. 화장실에 가거나 샤워를 할 때 역시 마찬가지이고요. 오로는 분만 후 자궁 내벽에서 탈락된 점막, 세포, 박테리아 등으로 이루어진 분비물을 말하고, 질 분비물과 비슷한 냄새가 납니다.

3 많은 사람이 다양한 이유로 병실을 수시로 드나듭니다

뉴욕시 인구의 두 배에 달하는 듯한 사람들이 병실을 누비고 다닐 거예요. 채혈을 하고, 아기의 청력을 검사하고, 출생증명서 발급 및 출생신고 방법 등 7,614가지 사항을 안내해줄 거예요. 그들에게는 부끄러운 것이 없습니다. 당신이 울음을 애써 감추거나 멈출 때까지 기다리지 않아요. 만약 잠들어 있어도 걱정할 것 없습니다. 느닷없이 불을 켜고 깨울 테니까요. 이게 바로 그들의 직업입니다. 당신에게는 고약한 침입처럼 느껴질 수 있지만 그들에게는 아주 일상적인 일에 지나지 않습니다.

4 선의의 방문자라도 당신에게는 비밀 신호가 필요할 수 있어요

당연히 가족과 친구들은 아기를 보고 싶어 할 거예요. 하지만 기억하세요. 병원에서 보내는 이 시간은 당신의 회복을 위한 시간입니다. 친척의 방문을 막아야 한다면 그렇게 하세요. 또한 일부 방문객은 그만 가도 좋다는 신호를 알아채지 못할 수 있습니다. 입원 전에 파트너와 미리 "손님들 좀 내보내 줘."라는 뜻을 담은 비밀 신호를 만들어두세요. 간호사의 협조를 얻어두는 것도 좋습니다. 작은 병실에 손님들이 죽치고 앉아 있는 것은 당신보다 간호사가 더 바라지 않을 테니까요.

5 둘째 날 밤부터 아기가 보챌 수 있어요

안개가 사라지듯 출산 과정이 끝나고 나면 아기가 생존 신호를 보낼 거예요. 그것도 큰 소리로 자주. 농담 반 진담 반으로 실제 저와 제 남편은 담당 간호사에게 병원에서 실수로 아기를 바꿔치기한 것은 아닌지 물어봤답니다. 누군가는 이를 '신고식' 혹은 '두 번째 밤 증후군'이라고 부릅니다. 아기가 더 이상 엄마의 자궁에 안전하게 머무는 것이 아니라 이제는 새로운 환경에 있다는 것을 깨달은 결과라고 해요. 정상적인 일이지만 예상하지 않았다면 당황스러울 수 있습니다. 이런 일이 생기면 아기를 더 어르고 조금 더 오래 안고 있을 각오를 해두세요. 아마도 잠을 조금 더 많이 못 자게 될 거예요.

6 생각하는 것보다 더 많은 도움을 받을 수 있어요

저는 아기가 이용할 수 있는 육아실이 있다는 걸 몰랐어요. 아무도 말해주지 않았기 때문에 아기와 내내 병실에 있어야 한다고 생각했죠. 첫날 밤을 거의 잠 대신 아들이 제대로 숨을 쉬고 있는지 지켜봐야 했습니다. 만약 미리 알았더라면 몇 시간만이라도 아들과 떨어져 있었을 거예요. 물론 산모가 원하지 않으면 아기를 육아실에 보낼 필요는 없어요. 최근에는 아기가 부모와 함께 병실에서 지낼 수 있도록 육아실을 완전히 폐쇄한 병원도 있으니 미리 확인하는 걸 추천합니다. 육아실이 없는 경우에도 잠을 자거나 샤워를 하거나 그냥 혼자 있는 등 산모가 잠시 휴식을 취할 수 있도록 병원에서 아기를 맡아주는 시간이 있는지 간호사에게 물어보세요. 물론 내가 바라는 만큼 간호사들을 똑같이 존중하는 것도 잊지 말고요.

7 처음에는 소변을 보는 것이 불편할 수 있어요

질에서 뜨거운 용암이 흘러내리는 듯한 느낌이 들 거예요. 소변을 볼 때 '휴대용 비데'를 사용하면 그 느낌을 완화할 수 있습니다. 퇴원하고 집에 가서도 휴대용 비데를 항상 눈에 띄는 곳에 두세요. 그리고 출산 후 처음 샤워를 하고 난 자리는 마치 대량 학살이 일어났던 것처럼 보일 수 있으니 산후 첫 샤워는 병원에서 하는 것이 편하답니다.

> **초보 엄마 경험담**
> 애슐리 B.

화장실에 가는 일은 그 자체로 총체적인 과정이다. 나는 남편에게 내 '화장실 용품'을 준비해 달라고 했다. 깨끗한 물이 담긴 휴대용 비데, 생리대, 산모용 팬티가 화장실 용품 세트였다. 나는 아직 상처가 아물지 않은 회음부에 휴대용 비데의 물을 짜내다가 비명을 지르고 말았다. 아마도 인간이 느낄 수 있는 가장 뜨거운 물이었을 것이다. 진정 남편은 내가 보고 있지 않을 때 밖에 나갔다가 온천을 발견한 것이 틀림없었다. 김이 펄펄 나는 간헐천을 끼얹는 것 같았기 때문이다. 남편이 화장실로 달려와 무슨 일이냐고 물었다. "펄펄 끓는 것처럼 뜨겁잖아. 이 부위에 무슨 일이 있었는지 기억 안 나?" 남편은 당황스러운 표정으로 나를 쳐다봤다. "알지, 그래서 뜨거운 물이 필요할 거라고 생각했어. 뜨거울수록 살균에 좋잖아." 그 순간 나는 웃을 수밖에 없었다. 또한 남편에게 도움을 청할 때는 내가 필요한 것을 그가 정확히 알고 있다고 지레짐작하지 않고 반드시 아주 구체적으로 설명했다. 이는 남편뿐 아니라 모든 사람을 상대할 때도 마찬가지였다.

---

8 — 모유 수유 초반에는 관객이 함께할 수 있어요

병실에 온갖 사람들이 들락거릴 거예요. 저는 모유 수유 중에는 그들이 병실을 나가서 나중에 다시 올 거라고 생각했는데, 아니더군요. 모유 수유 중이라고 해서 누군가 병실에 들어오는 걸 막지는 못할 거예요. 심지어 내 유륜의 모양과 색깔을 보여주고 싶지 않은 친구나 일부 친척의 출입도 마찬가지로요. 퇴원할 때까지 제 가슴을 보지 못한 사람은 선물가게 직원 딱 한 명뿐이었던 것 같은데, 괜찮습니다. 실제 아무도 쳐다보지 않고, 만약 본다고 해도 결국에는 신경도 쓰이지 않을 테니까요. 사실 꽤나 거리낌이 없어진답니다.

9 — 출산 후 자연스러운 모습 그대로 찍은 사진은 전혀 자연스럽지 않습니다

모든 것이 편안하고 완벽해 보이는 곳에서 신생아를 안고 있는 여성들의 사진을 본 적이 있을 거예요. 흠잡을 데 없는 헤어스타일과 메이크업에 깜찍한 환자복 차림으로 자신의 아기를 사랑스러운 눈빛으로 바라보는 모습이죠. 출산 후 내 모습이 그렇지 않다고 해서 놀라지 말아요. 이들은 헤어 세팅을 하고, 메이크업으로 얼굴 윤곽을 살리고, 아마도 전문 사진작가가 동행했을 테니까요. 저는 제왕절개 수술 날짜를 정했던 터라 병원에 도착하기 전에 샤워도 하고 머리 손질도 하고 메이크업도 살짝 했었는데, 분만 후 머리는 달걀 거품기로 빗질을 한 것 같았고 화장은 흔적도 찾을 수 없었어요. 너무 피곤하고 아파서 신경도 쓰이지 않았지만요. 실제로 많은 여성이 호르몬으로 인해 출산 후 땀을 흘리고 안면 홍조를 겪습니다. 게다가 출혈이 있어서 기저귀를 착용하게 됩니다. 만약 어딘가에 땀을 흘리고 피를 흘려야 한다면 환자복에 하지 내 옷에는 하지 않을 거예요.

10 준비는 아무리 해도 지나치지 않습니다

병원에 있는 동안 필요한 것과 더 즐거운 병원 생활을 위해 필요한 것은 달라요. 그리고 이 두 가지는 똑같이 중요합니다. 준비하는 데 도움을 얻고 싶다면 최고의 출산 가방 목록(258쪽)을 참고하세요.

퇴원할 때

02

병원은 호텔이 아니다.
늦게 체크아웃 할 수 없고
바로 나가야 한다

나는 불과 몇 시간 안에 퇴원할 터였다. 무슨 일이 생기면 한 무리의 전문가들이 언제든지 달려올 수 있다는 사실에 익숙해지던 참이었다. 그렇지만 이 상황이 끝나고 있고, 아울러 이제 나는 엄마가 되는 법을 알게 될 거라는 사실은 쉽게 받아들여지지 않았다. 어쨌든 일단 나는 안전하게 보호받고 있었다. 병원 화장실에서 말이다.

나는 단단히 마음을 먹고 샤워실로 들어갔다. 넘어지거나 도움이 필요한 경우를 대비해 화장실 문을 열어 두었지만, 다행히도 여기는 병원인지라 샤워실에도 안전바가 설치되어 있었다.

샤워기의 물줄기 아래 서자마자 내 몸에서(구체적으로 말하면 내 질에서) 무언가 쏟아져 나오기 시작했다. 피, 정체불명의 분비물 덩어리, 그리고 더 많은 피가 흘러나왔다. 보통 피 냄새가 그렇듯 구리 동전 냄새가 강하게 났다. 나는 눈을 감은 채 더는 신경 쓰지 않고 샤워를 즐기려고 애썼다. 절개 부위의 통증을 제외하면 아들이 태어난 이후 실제 기분이 좋았던 첫 번째 순간이었다. 진통제 효과에 기댄 때를 제외하면 그랬다. 그 순간 샤워는 어떤 스파 치료보다 더 좋았고, 나는 다소 상쾌해진 기분이 들었다.

샤워기의 물을 끄고 주변을 둘러봤다. 내 몸속 분비물이 사방에 널려 있었다. 마치 내가 살인 미수 사건에서 간신히 살아난 사람 같았다.

나는 엄마의 도움을 받아 퇴원 복장을 걸쳤다. '엄마 기저귀'를 하고 낙낙한 임산부 원피스를 입었다. 체액 저류fluid retention(신체 조직이나 관절에 체액이 축적되어 몸이 붓는 현상—옮긴이) 때문에 평소 크기의 세 배가 된 돼지 족발 같은 발을 남편의 슬리퍼에 욱여넣었다. 나한테 맞는 신발은 그것밖에 없는 듯 보였다.

마침내 퇴원할 때가 되었다. 나는 지치고 아프고 겁이 났다. 이제부터 혼자가 될 것이기 때문에 병원을 떠나고 싶지 않았다. 담당 의사가 퇴원 허가를 내리기 위해 병실을 찾았을 때, 필요하면 닷새까지 입원할 수도 있다고 했던 말을 상기시켰다. 닷새까지 입원할 수 있는 이유는 기억나지 않지만, 중요하지 않았다. 나는 절박했다. 만약 의사가 대장내시경 검사 때문이라고 말했다면 나는 그 자리에서 기꺼이 몸을 돌려 엉덩이를 내밀었을 것이다.

"산모의 체액 보유량이 너무 지나쳐서 하루 더 입원하는 것을 고려했었어요." 담당 의사가 설명했다. "그런데 이제는 수치가 안정되었어요. 집에 가셔도 좋아요! 아기랑 즐거운 시간 보내세요."

그녀는 내가 집에 가는 것이 좋은 일인 양 말했다.

이후 스털링 박사에게 확인한 바에 따르면 의사들은 산모가 퇴원하기 전에 특정 사항을 확인한다. "출혈이 제어되어야 하고, 산모가 음식물을 섭취할 수 있어야 합니다. 제왕절개를 한 산모의 경우에는 방귀가 나와야 합니다. 그리고 모든 활력 징후_vital sign(사람이 살아 있음을 보여주는 호흡, 체온, 심장 박동 등의 측정치—옮긴이)가 정상이어야 하고요."

나는 모든 퇴원 기준을 충족했고 담당 의사는 퇴원을 승인했다. 내 불안감이 "아, 꼼짝없이 집에 가서 갓난아기를 책임지고 돌봐야 하는구나!"에서 "아, 꼼짝없이 집에 가서 갓난아기를 책임지고 돌봐야 하는구나!"로 심각하게 급상승한 순간이었다.

나는 남편도 나와 같은 생각이고 그날 퇴원하는 것은 정신 나간 짓이라는 데 동의하기를 기대했다. 남편은 내가 하루 더 입원할 수 있도록 보험회사에 연락해 승인을 받는 대신 하품을 하고는 퇴원하는 것이 좋을 거라는 의사의 말에 동의했다. 제정신인가?

그날 이후 나는 많은 것을 깨닫게 되었다. 특히 남편의 욕구나 욕망을 내 것보다 우선시해서는 안 된다는 것을 말이다. 물론 이것은 '누가 누가 더 지쳤나'를 겨루는 일이 아니지만, 출산을 한 것은 아내이기 때문에 그 순간에는 아무리 터무니없어 보이더라도 엄마가 된 아내의 요청을 무시하지 말자.

전문가 조언

출산 전 담당 산부인과의 카시트 규정을 확인하세요. 일부 병원에서는 초보 부모에게 카시트를 병실로 들고 오게 합니다. 유아용 카시트를 마련했는지, 아기를 카시트에 앉히고 안전벨트를 착용하는 방법을 알고 있는지 확인하기 위해서지요. 차에 설치된 카시트를 확인하려는 병원도 있습니다. 아기를 차에 태워 데려갈 계획이 없다고 해도 대부분의 병원에서는 아기가 반쯤 기대어 앉는 자세를 감당할 수 있는지 판단하기 위해 이런 과정을 요구할 거예요. 만약 검사 도중 아기의 산소 수치가 떨어진다면 담당 소아과 의사가 허락하기 전까지(보통 몇 주 혹은 몇 달 후에) 신생아 바운서, 신생아 그네, 일부 유아차 등 아기의 앉은 자세 각도가 카시트와 비슷한 어떠한 영유아 기구도 사용하지 말아야 합니다. 신생아를 데리고 버스나 기차를 타고 퇴원하는 경우, 버스나 기차에는 카시트를 고정할 안전벨트나 걸쇠가 없기 때문에 카시트를 이용해야 하는 법적 의무가 없습니다(이례적인 예외사항은 있는 법이지만요). 거주하는 주에 따라 택시는 영업용 차량으로 분류될 수 있어 카시트 사용 의무 대상이 아닐 수 있습니다. 그렇더라도 항상 카시트를 사용하세요. 택시를 예약할 때 카시트를 이용할 거라고 일러두세요. 우버Uber, 리프트Lyft 등 차량 공유 서비스는 개인용 차량과 동일한 취급을 하기 때문에 알맞은 카시트를 사용할 의무가 있습니다.

●제시카 최, 어린이 승객 안전교육 강사

▶ 대한민국 도로교통법 제50조 제1항에 따르면, 자동차(이륜자동차 제외)의 운전자는 물론이고, 모든 좌석의 동승자도 좌석안전띠(6세 미만 영유아의 경우 유아보호용 장구를 장착한 후의 좌석안전띠)를 매도록 해야 합니다.
▶ 영업용 차량(고속버스, 택시 등) 역시 법적으로는 카시트 설치 대상이지만, 카시트 보급률과 사회 인식을 고려해 단속을 유예하고 있습니다.
▶ 서울엄마아빠택시 서비스는 신생아 및 영아용 카시트 신청이 가능합니다.

남편은 미리 카시트를 병실에 가져다 뒀고, 나는 담당 간호사 한 명이 지켜보는 가운데 아주 조심스레 갓난쟁이를 카시트에 앉힌 다음 끈을 고정시켰다. 만약 실물 폭탄을 해체 중이었다고 해도 이보다 더 침착할 수는 없었을 것 같다.

아들은 얼굴이 빨개지도록 악을 쓰기 시작했다. 악을 쓸 때마다 일그러지는 아들의 얼굴을 보면서 신생아가 TV나 영화 속에 등장하는 아기들처럼 보이는 경우는 거의 없다는 생각이 다시 한 번 들었다. 물론 항상 기준점에서 벗어나는 열외가 있기 마련이어서 태어나자마자 거버 Gerber(세계적인 아기 이유식 브랜드―옮긴이)의 아기 모델 사진 촬영을 하러 가는 것처럼 보이는 신생아들도 있다(이런 아기를 셋이나 낳은 절친한 친구가 있다). 하지만 우리 아들은 그렇지 않았다. 약간 황달기가 있었고, 검은 구레나룻이 보이는 데다 코는 얼굴에 비해 몇 사이즈는 크고, 신생아다운 아주 날카로운 손톱 때문에 볼에 생채기가 나는 바람에 아기들끼리의 패싸움에 휘말린 듯 보였다. 하지만 아들은 내 귀여운 조직원일 뿐이었다.

아들의 두상은 꽤나 둥근형이었지만, 처음에 그렇지 않은 아기들이 있다. 그러나 걱정하지 말자. 지극히 정상이다. 산부인과 전문의 스털링 박사는 이렇게 설명한다. "신생아의 두개골은 분만 중 엄마의 골반을 통과해야 하기 때문에 아직 제 형태를 갖추지 않았을 뿐입니다." 두개골의 형태가 엄마의 골반 크기에 맞춰 만들어지는 까닭에 분만 시 아기 두상이 위쪽 정수리 부분만 우뚝하게 솟은 콘헤드 모양인 경우가 종종 발생할 수 있다. 물론 영구적인 것은 아니다. 그런 상태는 48시간에서 72시간 정도 지속될 뿐이다. 그리고 아기의 모습이 기대했던 것과는 전혀 다르다는 것이 잘 상상되지 않을 것이다. "신생아 피부는 흔히 불그스름한 색에 금방이라도 벗겨질 것 같고, 여드름이나 유아지방관cradle cap(신생아 두피에 나타나는 지루성 피부염―옮긴이) 증상이 나타날 수 있습니다. 엄마의 골반을 통과했을 때 얼굴이 짓눌려 있거나 심지어 태어나고 처음 며칠 혹은 몇 주 동안 털북숭이인 경우도 있습니다. 어떤 경우든 아기는 태어나고 4주 후면 완전히 다른 모습이 됩니다."

당신의 갓난쟁이 아기가 이상하게 보인다거나 기대했던 모습과는 같지 않다는 생각이 들어도 괜찮다. 장담하지만, 많은 엄마들이 그렇게 느낀다. 그 모습을 다시 끄집어내 농담을 할 정도이니까. 마침내 살이 오르게 되면 당신이 기대했던 대로 오동통한 볼을 깨물어주고 싶은 그런 아기로 변신할 것이다.

다시 카시트 이야기로 돌아오면, 우리는 카시트 시험을 통과한 뒤 자지러지게 우는 아들을 카시트에서 내렸다. 아들을 품에 안고 있으니 과연 이 작은 생명체를 내가 맡는 것이 좋은 아이디어라고 생각한 사람이 누구인지 다시금 궁금했다. 남편은 카시트를 들고 병실을 나섰고, 병원 직원이 내 휠체어를 밀어주었다. 아들은 내 품 안에 있고, 엄마는 휠체어와 보조를 맞춰 걸었다. 실감이 나지 않았다. 마치 나만 곧 닥칠 재난을 예민하게 인식하고 있을 뿐 다른 사람은 아무도 앞으로 벌어질 일을 알지 못하는 것 같았다. 어떻게 그렇게 태평하게 행동할 수 있는 거지?

남편이 뒷좌석에 설치한 카시트에 아들을 앉혔고, 나는 아직 온전치 않은 몸을 구부려 카시트 옆 좌석에 꾸역꾸역 앉았다. 엄마는 자기 차를 타고 떠났고, 우리는 예정대로 내 진통제를 구입하러 약국에 들르기 위해 출발했다. "퇴원하는 사진을 한 장도 찍지 않았어." 나는 울먹거리며 말했다. "나랑 우리 아기랑… 휠체어에 앉아서… 퇴원하는 걸 말이야." 남편은 앞으로 우리에게는 사진 찍을 기회가 엄청 많을 거라며 안심시켰지만, 그런 기회 하나를 놓쳤다는 생각에 속상했다. 너무 속상한 나머지 나는 울기 시작했다. 그 순간 그 일이 내 인생에서 가장 커다란 실패 중 하나처럼 느껴졌다.

우리는 약국 주차장에 차를 세웠고 남편은 약국 안으로 들어갔다. 나는 엄마로서 어떻게 해야 하는지 힌트라도 주었으면 하는 기대를 품고 아들을 쳐다봤다. 여기 우리 두 사람은 불과 며칠 전만 해도 말 그대로 서로 연결되어 있었지만, 이제는 낯선 사람처럼 느껴졌다. 어색한 기분이 들기 시작해서 나는 스마트폰을 들고 아들의 사진을 찍기 시작했다. 그러면 생각할 필요가 없을 것 같았다. 남편이 차로 돌아오자 아기와 단둘이 있는 상황에서 벗어나게 되어 고마운 마음까지 들었다. 불과 6분 전에 비해 이제는 아들의 사진이 70장 넘게 생겼지만, 나는 또 다시 내 아기와 어떻게 공존해야 하는지 알지 못하는 처지가 되고 말았다.

우리는 집으로 돌아왔다. 기쁘고 놀랍게도 현관 난간에 '아들이에요'라는 문구가 찍힌 풍선 다발이 묶여 있었다. 아빠는 우리가 차에서 내리는 모습부터 현관문을 통해 걸어 들어가는 모습까지 모든 장면을 카메라에 담았다. 한 번도 생각해보지 않았는데, 나는 그런 환대와 풍선 다발을 간절히 원했던 것이다. 풍선 다발이 그리 대단한 것이 아니었을지 모르지만, 나에게는 세상 소중하게 느껴졌다. 아울러 아빠의 영상 촬영은 퇴원 모습을 사진으로 남기지 못했다는 찜찜한 마음을 누그러뜨리는 데 도움이 되었다.

우리는 차가 없어서 퇴원 후 집으로 갈 때 우버 서비스를 이용했다. 별다른 준비를 하지 않았지만 모든 것이 괜찮겠거니 생각했다. 그런데 아니었다. 기사는 카시트 걸쇠와 고정 장치의 위치를 몰랐고, 우리가 낯선 차에서 카시트 장치를 찾으려고 허둥대는 동안 이만저만 짜증을 내는 것이 아니었다. 결국 그는 다른 차를 호출하라며 가버렸다. 많은 유아용 카시트가 베이스(카시트 바구니를 고정시키는 프레임—옮긴이) 없이도 차량 내 안전벨트를 이용해서 설치할 수 있는데, 당시에는 그것을 알지 못했다.

공유 차량을 호출할 때는 카시트가 있다는 점을 분명히 밝히자. 기사가 지켜볼 때 긴장할 수 있으니 출산 전에 카시트를 차에 설치하는 방법을 연습하자. 친구의 차를 빌리거나 공유 차량을 호출해서 미리 카시트 설치 테스트를 해보자. 그리고 기사에게 기다려주면 고맙겠다는 말을 미리 하자. 공손한 태도는 언제나 통하는 법이다.

지금 돌이켜보면 내가 느낀 실망감과 슬픔의 상당 부분은 호르몬 때문이었던 것이 분명하다. 모든 것이 평소보다 더 큰 도전인 것만 같았고, 순식간에 눈물이 났고, 나 스스로가 일주일 전만큼 이성적이거나 논리적이지도 않았다. 그런 호르몬 변화가 나를 제대로 직격했다. 모든 여성이 다르겠지만, 나처럼 주체할 수 없을 듯한 감정에 빠졌다면 스스로

를 너무 몰아세우지 말자. 당신은 호들갑을 떨거나 과민 반응을 보이는 것이 아니다. 당신의 몸과 뇌가 겪고 있는 모든 일을 고려하면 풍선 하나 때문에 울게 되는 것은 조금도 이상하지 않다. 스털링 박사는 이렇게 설명했다. "출산 후 나타나는 급격한 호르몬 변화는 임신 초기나 사춘기 혹은 폐경 등 그 어떤 것과도 비교할 수 없을 정도로 심각합니다. 호르몬은 우리의 기분, 감정, 행동에 영향을 미칩니다. 이는 결코 기분 좋은 일이 아닙니다."

solution

갓난쟁이 아들과 함께 병원을 나서는 순간, 불안하기도 하고 조금 무섭기도 했습니다. 18년 동안 함께 지냈던 부모님의 보호 없이 성인으로서 내 삶을 꾸려나가야 하는 대학생 시절이 떠오르기도 했지요. 당신이 이 과정을 편안히 시작하기를 바라는 마음으로, 미리 알아두면 좋을 사항을 정리했습니다.

1
중요한 서류를 많이 받을 거예요

팸플릿, 광고 전단, 소책자 등 퇴원할 때 가져가는 서류가 많을 거예요. 그중 몇 가지는 매우 중요하고, 일부 신청서나 소책자는 가지고 있으면 유용합니다. 우선적으로 챙겨두면 좋은 서류 정보를 참고하세요.

▸ 아기의 출생증명서와 사회보장카드 발급 방법에 관한 정보: 대부분의 병원에서는 퇴원 전에 이 두 가지 중 하나 혹은 둘 다 작성하는 것을 도와줍니다. 저의 경우에는 거주하는 시 홈페이지를 통해 출생증명서를 요청해야 했지만, 일부 병원에서는 신청서를 제공해줘요.

└ 우리나라의 경우, 출산 후 1개월 이내에 거주지 주민센터 또는 온라인으로 출생신고를 해야 합니다(1개월 경과 시 과태료 부과). 필요한 서류로는 부모 본인의 주민등록증, 혼인관계증명서, 출생증명서(병원에서 발급)가 있어요.

▸ 우울증 진단 징후나 예방법 등 산후 우울증에 관한 정보: 정작 나에게 그런 일이 생기기 전까지는 이런 게 필요하나 싶을 거예요. 저는 만약 처음으로 돌아간다면 이 서류는 눈에 쉽게 띄는 곳에 둘 거예요.

▶ 산모와 신생아에 관한 의학 정보: 산모의 몸조리나 신생아 건강에 있어 주의해서 살펴볼 징후, 의사나 119에 연락할 때 등 일반적인 팁을 담고 있습니다.

▶ 모유 수유 혹은 분유 수유 방법에 관한 정보: 산모가 생각하기에 자신과 신생아 모두에게 가장 최선이라면 어떤 방법으로 수유할 것인지는 중요하지 않습니다. 추가로 보험회사를 통해 유축기를 얻거나 병원에서 유축기를 대여하는 방법에 관한 정보도 있어요.

▶ 상담 전화, 지원 모임, 수유 컨설턴트, 치료사 등 산후조리 과정에 도움을 줄 수 있는 사람이나 단체가 기재된 자료

▶ 아기의 소아과 진료 예약증: 출생 후 처음 몇 주 동안에 몇 차례 소아과 진료를 받아야 합니다.

▶ 안전한 수면, 카시트 안전 장치, 산모나 신생아가 복용하는 약물에 관한 주의 사항 등 다양한 팁이 담긴 안내서

▶ 수유와 용변 그래프: 반드시 필요한 것은 아니지만 도움이 됩니다. 아기의 활동을 추적해 아기가 충분히 모유 혹은 분유를 섭취하고 있는지, 대소변 배출도 필요한 만큼 자주 하는지를 파악할 수 있는 손쉬운 방법이에요.

2 최대한 묻고 또 질문하세요

많은 초보 엄마들이 더 이상 의사, 간호사들을 즉시 만날 수 없다는 이유로 출산 후 퇴원하는 것을 걱정합니다. 그렇다면 병실에서 호출 버튼만 누르면 그만일 때 이들에게 되도록 많은 질문을 하면 어떨까요? 바보 같은 질문이란 건 없습니다. 당신은 신생아를 전적으로 책임질 준비를 하고 있지만 자신의 몸조리에 대해서는 그다지 생각하지 않을 거예요. 이는 매우 중대한 문제입니다. 자꾸 물어보세요! 입원 전이나 입원하고 있는 동안 생각나는 질문들을 써두세요. 종이든, 스마트폰이든, 음성 메모든 자신에게 가장 손쉬운 방법을

이용하세요. 만약 너무 피곤하거나 아프거나 바쁘다면 파트너나 가족 혹은 간호사에게 도움을 요청합시다. 퇴원 전에 물어볼 만한 질문 목록은 262쪽을 참고하세요.

3 집에서 입힐 옷보다 더 신경 쓰일 수 있어요

퇴원할 때 아기가 입는 첫 번째 '진짜' 옷이라는 이유로 거의 의식처럼 여기는 사람들이 있는가 하면 사진 찍을 요량으로 신경을 쓰는 사람들이 있습니다. 저는 둘 다였던 것 같아요. 아직도 아들의 옷을 병원 출생 팔찌 같은 다른 기념품들과 함께 간직하고 있으니까요. 준비한 옷에 예상치 못한 일이 벌어지거나 마음이 바뀌었을 때를 대비해 대안을 마련해두세요. 옷을 안전하게 보관해두거나 아기 옷 입히는 것을 도와줄 사람이 있다면 무엇을 입히고 싶은지 알려주는 것도 나쁘지 않습니다.

4 당신이 책임져야 할 것은 당신 자신과 아기뿐이에요

이 시기에는 많은 일이 생길 수 있습니다. 당신은 집에 가는 일에만 신경 쓸 수 있도록 가능한 많은 것은 다른 사람에게 넘기세요. 그리고 가급적 곧장 집에 갑시다. 퇴원할 때 혹은 퇴원 후 24시간 안에 필요할지 모를 것들을 생각해보고(출산 전에 목록을 작성해두면 좋아요), 누군가(파트너나 가족 또는 친구)에게 퇴원 전에 부탁하세요. 예컨대 가사 도우미 서비스처럼 출산 후 집에서 지내는 처음 며칠 동안 방해가 될 수 있는 일들은 취소하거나 일정을 다시 정하는 거예요. 마침내 집에 도착했을 때 어떤 상황이 기다리고 있을지도 생각해봅시다. 진통이 너무 빨리 시작되는 바람에 우유 한 통을 조리대에 그대로 둔 채 병원으로 갔을 수도 있어요. 무슨 일이 되었든 출산 후 집에 돌아왔을 때 반드시 당신이 처리할 필요는 없습니다.

5
아기는 병원에 있고 당신만 퇴원할 수 있어요

아기가 신생아집중치료실ₙₗₓᵤ에 있어야 하는 상황은 누구도 생각하고 싶지 않겠지만, 어떤 부모들에게는 현실입니다. 너무 고통스러운 일이죠. 아기가 고도의 훈련을 받은 의료진으로부터 최고의 의료 서비스뿐 아니라 따뜻한 보살핌을 받을 것이라는 사실을 인지하는 것이 중요합니다. 당신이 NICU에 함께 있든, 아니면 면회 요청을 하든, 아기의 상황 설명을 적극 요청할 수 있고 요청해야 합니다. 많은 NICU에서는 보호자가 편하게 하룻밤을 지새우고 샤워할 수 있는 공간이나 무료 식사 등 다양한 서비스를 제공하고 지원하고 있습니다. 그렇다고 당신도 그곳에서 지내야 한다는 의미는 아닙니다. 무엇보다 이 같은 상황이 당신 책임이 아니라는 것을 의식적으로 생각해야 해요. 메모지에 써서 여기저기 붙여두세요. "지금 이 상황은 우리의 잘못이 아니다."

전문가 조언

아기가 NICU에 있어야 한다면 의료진과 이야기를 나누세요. 의료진은 아기가 얼마나 오래 NICU에 있어야 한다고 생각하는지? 어떤 상황이 진행될 것으로 예상되는지? 의료진에서 생각하는 퇴원 기준은 어떻게 되는지? 예측 가능한 상황을 파악하기 위해서라도 겁내지 말고 솔직하게 물어보세요. 의료진은 당신의 질문을 듣고 싶어 합니다. 또한 신생아 대부분은 며칠 안에 NICU를 나오고 여느 아기들처럼 성장하고 발달한다는 사실을 알아야 합니다. 저 역시 내 아이들이 NICU에 들어간다는 사실에 마음이 무너져 내렸지만, 지금은 건강하고 쾌활한 소년들이 되었답니다.

●디나 쿨리크, 캐나다 왕립의학회(FRCPC) 소속 소아과 전문의

6 누군가 산후 우울증 같은 정신 건강에 대해 이야기하면 들어두세요

출산 후 입원 기간 중이나 퇴원 준비를 하며 여러 사람을 만나게 될 거예요. 그중에는 산후 우울증 같은 산모의 정신 건강에 대해 이야기하는 사람도 있을 겁니다. 이 사람의 말을 귀 기울여 들으세요. 저는 제왕절개 수술 후 진통제를 복용한 탓에 오히려 평소보다 다소 기분이 '업'된 상태라 크게 신경 쓰지 않았는데, 나중에 후회했답니다. 제발 그들의 이야기를 듣고, 질문하고, 받은 자료를 읽어보세요. 우울한 기분이 들기 시작하면 어떻게 해야 하는지 알아두거나 평소와 다른 징후가 있는지 살펴봅시다. 이에 대해서는 9장에서 더 자세히 다룰 거예요. 어디서 어떻게 도움을 얻을 수 있는지 알아보세요. 최상의 시나리오는 이와 같은 정보를 이용할 필요가 없는 것이지만요.

7 퇴원할 때 내 옷을 입지 못할 수도 있어요

출산 후 몸 상태는 사람마다 제각각이어서 예측하기 어렵습니다. 저는 애초에 집에서 입는 헐렁헐렁한 산모용 고무줄 바지를 몇 벌 챙겨 왔는데, 제왕절개 부위 쪽에 허리 밴드가 닿는 옷을 입을 생각을 하니 끔찍했어요. 게다가 젖이 돌았고 가슴도 아주 컸고요. 가슴이 너무 큰 나머지 입으려고 했던 셔츠를 편안하게 입을 수 없는 지경이었죠. 엄마가 집에 가서 임산부 원피스 중 한 벌을 가져오기 전까지 저는 환자복 차림으로 퇴원하려고 했답니다.

8 사진 촬영 목록은 바보 같은 아이디어가 아닙니다

출산 당시 저는 이미 육아 웹사이트에 글을 쓰고 있던 터라 입원하는 동안 어떤 종류의 사진을 찍어야 다음 편 글과 어울릴 것인지 의논했었어요. 하지만 정작 찍었으면 하고 간절히 바랐던 사진(가령 퇴원 장면 사진)은 찍지 못하고 말았습니다. 일어날 수 있는 모든 상황과 포착하고 싶은 순간을 생각해 목록을 만들어두세요. 남편과 저는 입원하기 전 병원 밖에서 아들을 위한 영상을 찍으면서 사랑한다고, 어서 빨리 만나고 싶다고 말했습니다. 짧고 간단한 영상이지만, 이제 제법 성장한 아들은 그 영상을 즐겨 봐요. 무엇이 되었든 사진으로 남기고 싶은 순간과 남기고 싶지 않은 순간의 목록을 만들어보세요. 가장 중요한 것은 사진을 찍는 것입니다. 특히 몸이 어딘가 불편하거나 그 순간 자신의 모습이 마음에 들지 않은 경우 이런 기회를 놓치기 쉬워요. 하지만 다시는 돌아가지 못할 순간들입니다. 당신의 아기가 생후 며칠밖에 되지 않는 상황은 두 번 다시 없을 거예요.

9 운전해서 집으로 가는 일은 불안감을 유발할 가능성이 큽니다

자그맣고 연약하고 힘없는 신생아를 차에 태우는 단순한 행동만으로도 긴장되는 일이지만, 차가 실제 다른 차들과 함께 도로 위에서 움직이기 시작하면 정말 무서워집니다. 제 남편은 가장 좋은 상황에서도 저를 불안하게 만드는 재주가 있어서 저는 미리 남편에게 충고를 해두었습니다. 차량 통행이 적은 도로를 이용하거나 고속도로는 피하는 경로를 선택해 집에 가는 계획을 미리 세워두세요. 실제로 많은 여성이 편안한지 확인하려고 해당 경로를 미리 운전해 봅니다. 집으로 이동할 때 결정권을 더 많이 가질수록 기분도 더 좋아질 거예요.

집에서 맞이하는
처음 며칠

03

이제 이 자그맣고 힘없는 인간을
전적으로 책임져야 한다

퇴원 당일 아침에 담당 의사가 내 복부에서 작은 발진을 발견했다. 나중에 집에 도착했을 때는 발진이 급속도로 퍼져서 내 몸의 60퍼센트 정도를 뒤덮고 있었다. 누군가가 손가락과 발가락 사이를 간질이거나 귓속에서 속닥거리는 것 같았다. 알레르기 반응 때문에 몸이 걷잡을 수 없이 붓고 가려웠다.

정확히 무슨 알레르기인지 알 수 없었지만, 알레르기로 인한 염증 등 다양한 증상을 치료하는 데 사용되는 염증 치료제 프레드니손을 처방받았다. 처방 용량을 지키면 모유 수유를 계속해도 안전하다고 했다. 일주일쯤 지나자 발진은 사라졌고 이후로는 별다른 알레르기 반응이 없었다.

흔히 일어나는 일도 아니고 그렇다고 특별히 제왕절개 수술 때문도 아니어서 이런 일이 벌어진 것에 대해 크게 걱정하지 않았다. 다만 이 이야기를 하는 이유는 발진의 고통으로 인해 인생에서 가장 민망한 순간으로 손꼽히는 일을 경험했기 때문이다. 그 일은 아들을 데리고 병원에서 집으로 온 날에 벌어졌다.

집에 온 지 고작 한두 시간밖에 되지 않았는데 나는 비참한 기분이 들었다. 발진이 심하게 일어나서 여차하면 피부를 벗겨낼 기세였다. 하지만 그렇게 하지 못했던 이유는 몸이 너무 힘든 나머지 정신줄을 놓을 만큼 피부를 긁지 못했기 때문이다. 게다가 이제는 본격적으로 젖이 돌기 시작하면서 가슴에 젖이 가득 찼고, 울혈이 생긴 가슴은 당장이라도 터질 듯한 간헐천 같았다.

4년 전쯤 아기를 낳은 친구가 젖이 돌 때 '무언가 터질 것 같은' 느낌이 든다고 말했던 기억이 났다. 어느 날 그녀는 너무나 절박한 나머지 가슴을 드러낸 채 햇빛 아래 앉아 있었는데, 유관의 압박을 좀 낮추는 데 어떤 보온 패드보다 효과가 좋았다고 했다. 나도 절박한 상황이어서 한번 해보기로 했다. 남편과 부모님에게 뒷마당에 들어오지 말라고 단단히 일러둔 다음 창문에서 보이지 않는 곳에 간이 의자를 놓고 병원에서 받은 산모용 팬티 부근까지 상의를 내리고는 천천히 의자에 앉았다. 즉각 안도감이 퍼졌다. 어쨌든 햇빛이 잔뜩 성난 내 가슴에 치유의 광선을 보냈고, 나는 잠시 평화를 느꼈다.

그러다가 말소리가 들렸다. "저기요, 사모님?"

나는 잽싸게 벌떡 일어나서는(제왕절개 탓에 여전히 겨우겨우 움직이고 있어서 전혀 잽싼 동작이 아니었지만) 양팔로 가슴을 감쌌다. 매주 정원 관리를 하러 오는 정원사였다. 나는 너무 정신이 없는 나머지 날짜 가는 줄도 몰랐던 거였다. 진심으로 사과하고, 고개를 숙인 채 어기적어기적 다시 집 안으로 들어가는 사이 오줌 한 줄기가 다리를 타고 흘러내렸다. 최고의 순간은 아니었지만 가장 잊을 수 없는 순간 중 하나로 꼽을 수 있는 일이었다.

어떤 사람들은 신생아와 함께 집에 있는 일에 무난하게 적응하건만, 나는 아니었다. 불운한 이방인에게 청하지도 않은 충격적인 산모 스트립 쇼에 골든 샤워golden shower(직접 소변을 보거나 상대방이 소변보는 행위를 통해 성적 희열을 느끼는 것—옮긴이) 장면까지 덤으로 보여주면서 시작했던 것이다. 신생아와 함께 집에서 지내는 내 삶은 그렇게 시작되었다.

다른 일과는 별개의 문제로, 출산 후 처음 집에서 보내는 며칠에 대해 이야기하는 것은 중요하다. 혹독한 시기가 될 수 있기 때문이다. 이 시기는 기저귀를 가는 것이 간단하고 자연스러운 일이 되거나 아기를 어떻게 안아야 가장 잘 달랠 수 있는지 파악하는 출산 후 처음 몇 주 혹은 몇 개월과는 다르다. 솔직히 지금 무엇을 하는지 전혀 모르겠고, 아마도 겁에 질린 바보 같은 모습일 것이다. 이제껏 받아본 가장 힘겹고 강도 높은 현장 직무 교육이다. 누군가 이렇게 말하는 것과 같다. "이 육아서들을 읽었으니 이제 아무것도 할 줄 모르는 신생아를 드릴게요. 즐겁게 키워보세요!" 이 생존의 첫 며칠을 있는 힘을 다해 견뎌야 할 테지만, 몸이 회복하는 동안 호르몬은 널뛰듯 할 것이다. 그것도 아주 가혹하게.

"힘든 시기입니다." 소아과 전문의 디나 쿨리크 박사도 수긍한다. "우리 모두는 신생아를 집에 데려오는 것에 긴장합니다. 사실 우리 첫애를 데리고 집에 갔을 때가 소아과 레지던트 마지막 해였는데, 저도 무서웠습니다. 초보 부모라면 누구나 마주하고 적응해야 하는 가파른 학습 구간인 셈입니다. 처음 부모가 되면서 겪는 감정의 롤러코스터와 극도의 피로는 결코 대비할 수 있는 것이 아닙니다."

우리는 아들을 집에 데려오기 위해 거의 만반의 준비를 했다. 딱 하나 대비하지 않았던 것은 집에 가는 실제 행위였다. 우리 집은 엘리베이터가 없는 대도시 아파트 3층이었다. 나는 아파트 정문 앞에 우두커니 서서 생각했다. '이제 어떻게 해야 하지?' 일단 앞장서 계단을 오르기 시작했다. 남자친구는 아들을 태운 카시트를 들고 뒤따라왔다. 온몸이 아팠고, 계단 내부가 마치 지옥 같은 느낌이 들었다. 마침내 1층을 지나자마자 아들이 빽빽 울기 시작했다. 아기를 울리는 형편없는 엄마인 것 같아 나도 울음이 터져 나왔다. 남자친구가 아기를 달래려고 애쓰는 사이, 나는 더 빨리 걸어보려다 바지에 소변을 보는 실수를 저지르고 말았다. 대형 패드를 착용하고 있었지만, 방광 가득한 소변과 피를 흡수하는 용도가 아니었나 보다. 그 순간 나는 자포자기 심정으로 양손과 무릎을 바닥에 대고는 더럽고 구역질나는 계단을 기어올랐다. 우리가 실제 집에 어떻게 들어갈 것인지 생각을 좀 했었더라면 싶었다. 친구들의 도움을 얻을 수도 있었을 텐데.

신생아를 데리고 집으로 들어가는 것과 마찬가지로, 병원에서 집으로 돌아오는 일은 내가 기대했던 것과는 달랐다. 내 인생의 다음 챕터에 발을 들여놓는 것처럼 벅찬 기분이 들 거라고 생각했다. 하지만 고요했

고 별다른 일이 없었다. 일주일도 채 되기 전 장을 봐서 똑같은 문을 지나갔을 때와 다를 바 없었다. 내 몸과 마음은 완전히 낯설게 느껴지는데, 어떻게 우리 집은 똑같은 느낌이 들 수 있는지 받아들이기 힘들었다.

병원을 떠나고 싶지 않았지만, 작은 병실에서 3일을 지내고 나니 새장에 갇힌 듯한 기분이 들기 시작했다. 육체적으로 그랬을 뿐 아니라 감정적으로도 그랬다. 출산 후 몸에 대한 자율권을 몽땅 잃어버린 느낌이었다. 사실 내 의지에 반하는 어떠한 일도 강요받지 않았다. 나를 치료해준 여러 의사와 간호사에게 깊은 감사와 존경을 표했듯, 모든 것은 내 건강과 편의를 위함이었음을 알고 있다. 하지만 나를 위해 혹은 나에게 했던 것들 때문에 정작 나는 거의 폐소공포를 느꼈고 내 공간이 필요했다.

뒷마당에서 정원사와 조우한 일을 제외하면 이후 며칠은 모유 수유 사이사이에나 겨우 한숨을 돌렸다. 그런 짬이 난다고 해도 좀 먹거나 화장실에 가거나 잠을 자려는 것이 고작이었다. 긴장을 푸는 것이 어려웠던 이유는 그냥 지나칠 수 없는 일이 아들에게 일어날까 봐 내내 걱정이 되었기 때문이다.

내가 정말 놀랐던 한 가지는 모유 수유에 얼마나 많은 시간을 쓰게 되는지였다. 수유 행위 그 자체뿐 아니라 자리를 잡고 모유 수유할 준비를 하는 것이 때로는 겁나고 그 때문에 우는 일도 많다. 그런 다음 아기에게 젖을 먹이고, 트림을 시키고, 다시 얼러서 재워야 하는 행위가 이어진다. 분유 수유를 하는 것이 훨씬 쉬운 것도 아니다. 분유를 탄 다음 모유 수유와 동일한 단계를 거쳐야 하고, 게다가 수유가 끝나면 젖병을 씻고 소독해야 한다.

미국 질병통제예방센터Centers for Disease Control and Prevention(이하 CDC)에 따르면 미국에서 무려 83.2퍼센트의 산모가 아기에게 모유 수유를 시작한다. 이 엄청난 비율에 속하는 엄마들 대부분과 이야기를 해봤더니 분명 우리 모두가 힘겨워하며 일종의 어려움을 겪고 있었다.

나는 수유 계획에 대해 항상 어중간한 입장이었다. 모유 수유와 분유 수유 중 어느 한쪽을 고수하겠다는 확고한 생각이 없었다. 하지만 모유 수유를 계획했던 이유는, 정말 솔직히 말하면 임신 기간 동안 만났던 모든 사람이 마치 다른 선택지는 없는 것처럼 모유 수유 이야기를 꺼냈기 때문이다. 아무도 분유 수유에 대해 이야기하거나 관련 책자를 주지 않았다. 항상 모유 수유 이야기밖에 하지 않았다.

엄마로서 내 아들에게 모유 수유를 하고 싶은 욕구가 없었다고 고백하는 것이 부끄럽지 않다. 아들의 건강에 가장 좋다고 믿었기 때문에 모유 수유 계획을 세웠지만, 속으로는 계획대로 되지 않아서 어쩔 수 없이 모유 수유를 중단하고 분유 수유로 바꾸게 되기를 기대했다. 시작하기도 전에 출구 전략을 짜고 있었던 셈이다.

임신했을 때 책, 기사, 블로그 게시글 등을 읽었고, 친구들과 이야기를 나눴다. 담당 산부인과 의사와 남편으로부터 정보를 얻었고, 수유 컨설턴트의 4시간짜리 강좌를 들었다. 아기 인형과 갖가지 수유 베개를 받았다. 아기 안는 연습을 했고, 젖을 짜고 물리는 것에 대해 배웠고, 모유 수유의 수많은 이점에 대해 들었다. 유관이 막히는 것부터 유방염에 이르기까지 잘못될 수 있는 모든 상황에 대한 주의를 받았다. 이 정도면 철저하지 않나? 그랬다. 그래서 내가 준비가 잘되었던가? 일반적인 의미에서는 그랬다. 하지만 실제로는 전혀 그렇지 않았다.

그건 마치 책을 읽고 강습을 들어서 수영하는 방법을 터득한 다음 거실에서 수영 연습을 하는 것과 같다. 바닥에 누워서 양팔을 휘두르고 발차기를 하다가 느닷없이 이제 수영하는 방법을 알았다고 단언할 수는 없는 일이다. 그런 식은 통하지 않는다. 실제로 물속에 몸을 담가야 한다. 필요한 모든 준비를 하거나 수영할 줄 안다고 말할 수는 있지만, 핵심은 물에 뛰어들기 전까지는 그렇지 않다는 것이다.

모유 수유도 마찬가지이다. 병원에서 나름 성과를 거둔 모유 수유 방법이 집에 왔을 때는 통하지 않았다. 병원에서는 수유하기에 완벽한 각도로 조절할 수 있는 침대에서 지냈고, 도와줄 간호사들이나 수유 컨설턴트들이 있었다. 사실은 그들이 아기를 내 가슴에 안겨줄 때가 많아서 나는 자리에 앉아 있으면 그만이었다. 문제가 있으면 누군가 나타나 간단한 팁을 주었다. 하지만 집에서는 나와 강철만큼 단단해진 거대한 젖가슴과 너무나도 배고픈 아기뿐이었다. 배고파서 화가 난 아기 새가 먹이를 기다리며 입을 벌리고 결사적으로 우는 장면이야말로 이 상황을 제대로 묘사한 것이다. 아기 새가 아니라 내 아들이고, 먹이가 아니라 내 젖꼭지를 원한다는 것만 제외한다면 말이다.

아기에게 젖을 먹이는 것처럼 자연스러운 일이 나에게는 전혀 자연스럽지 않았다. 나에게 모유 수유는 모성 본능이라는 마법을 통해 봉인 해제된 기술이 아니라 어색하고 무서운 일이었다. 누군가를 겁먹게 하거나 내 경험이 일반적인 것인 양 말하려는 게 아니다. 하지만 나를 비롯한 다른 엄마들에게 모유 수유는 쉽지도 자연스럽지도 않은 일 같았다. 그렇게 느껴도 괜찮다. 당신은 아무 잘못도 하지 않았다.

생후 3일 차에 아들은 처음으로 집중 수유cluster feeding(신생아가 원하여 짧은 간격으로 자주 수유를 하는 것—옮긴이)를 했다. 집중 수유를 하는 동안 아기가 평소보다 더 배가 고픈 것 같거나 30분에서 1시간 정도 지속적으로 젖을 물고 싶어 할 수도 있다.

다음 날 아침 내 몰골은 형편없었다. 남편이 얼마나 잤냐고 물었을 때 "한숨도 못 잤어."라고 답하자 남편이 이렇게 대꾸했다. "우리 모두 피곤하네." 나는 과장하는 게 아니며, 우리 아기에게 집중 수유를 하느라 정말 한숨도 못 잤다고 설명했다. 남편은 혼란스러운 표정으로 나를 쳐다보더니 책에서 읽었는데 집중 수유가 '별거 아닌 일'이라고 나와 있었다고 했다. 나는 곧장 책장으로 돌진해 가장 먼저 눈에 띈 육아서를 집어서는 집중 수유에 관한 부분을 펼쳤다. "보여?" 그러고는 남편에게 냅다 책을 던졌다.

그렇게 한 것을 후회하지 않는 이유는 다음과 같다. 1.실제로 남편이 책에 맞지 않았고 2.지쳐 있었고 3.남편이 무례하게 굴었고 4.호르몬 때문에 제정신이 아니었기 때문이다.

전문가 조언

집중 수유는 급성장기나 중대 시점 또는 아플 때 등 언제든 아기를 어르고 달래야 할 때 거쳐야 하는 지극히 정상적인 단계입니다. 보통 생후 2주, 3개월,

6개월, 9개월에 나타나지만, 반드시 정확히 그런 것은 아니에요. 아기마다 모두 달라서 그 시기가 더 이르거나 더 늦을 수도 있습니다. 또한 집중 수유는 엄마의 모유량을 일정 수준까지 늘려서 유지하는 가장 좋은 방법 중 하나입니다. 기본적으로 모유 수유에서 가장 중요한 것은 수요와 공급인데요. 모유를 생산하라는 수요 신호가 더 많이 전달되면 몸에서는 그 신호를 받고 응답을 합니다. 초보 엄마들은 집중 수유가 시작되면 피곤할 것임을 대비해야 하지만 동시에 그것이 일시적이라는 것도 알아두어야 합니다. 집중 수유는 파트너 등 주변의 도움을 활용하기에 아주 좋은 시간입니다. 당신이 소파나 선호하는 장소에서 아기와 함께 집중 수유에 전념하는 동안 주변 사람들이 당신의 손과 발이 되어 줄 수 있지요. 충분히 수분을 섭취하고, 간식을 많이 먹고, 틈날 때마다 수면을 취하는 것이 중요하기 때문에 항상 물이나 간식을 손닿는 곳에 준비해두세요.

●레아 카스트로, 수유 컨설턴트

집으로 돌아온 처음 며칠은 아기 돌보기 일정을 따르는 것이 거의 전부였다. 내 인생의 모든 목적이 모유 생산과 모유 수유라는 단 두 가지 의무로 축소된 것 같았다. 나는 예전 자아의 껍질을 벗어던지고 자기 인생을 스스로 책임지는 자신감 넘치는 여성으로서 병원에 입원했더랬다. 이제는 방광도 내 마음대로 조절할 수 없고, 소변과 피로 기저귀를 적시고, 복부 절개를 한 탓에 온몸이 구석구석 아프고, 하루를 어떻게 보내는지에 대해 말할 게 없는 사람이 되어 버렸다. 갓난아기에게 젖을 주고 돌보기 위한 존재 그 이상도 이하도 아니었다.

물론 이것이 다는 아니다. 신생아는 정시에 먹고 자는 아기로 성장할 것이고, 만신창이가 된 당신의 몸은 회복될 것이고, 아기를 안거나 젖을 먹이는 어색한 느낌은 곧 자연스러워질 것이고, 제대로 앉아서 식사를 온전히 즐기거나 좋아하는 드라마를 정주행할 수 있을 것이다. 하지만 지금은 그럴 때가 아니다. 이 시기에 가장 중요한 것은 생존이다. 즐길 수 있는 일을 즐기고, 필요하면 울고, 이 초기를 헤쳐나가야 한다는 것을 스스로에게 일러주자. 장담컨대 이 기나긴 터널 끝에 훨씬 더 좋은 일이 기다리고 있을 것이다.

몸조리할 때 가장 힘겨웠던 점은 결코 내 몸의 회복에 초점이 맞춰져 있지 않았다는 것이다. 모든 초점은 이 작은 신생아에게 맞춰져 있었다. 물론 나도 의학적 조치를 받았지만, 사후 조치에 지나지 않는다는 느낌이 들었다. 우리가 초보 엄마로서 어떻게 하면 불편함은 덜 견디고 배려는 더 받을 수 있는지 생각하는 것은 대단한 일이다. 이전에 편도 절제 수술을 받은 후 퇴원했을 때는 침대에 누워 자고 쉬는 것이 전부였다. 이번에는 육체적인 고통도 훨씬 심하고 약도 더 많이 복용했지만, 어쨌든 아주 연약하고 도움이 절실한 신생아를 돌봐야만 했다. 생각해보면 뭔가 앞뒤가 맞지 않는다.

전문가 조언

첫 아이에게 모유 수유를 한 일은 이제껏 제가 해본 일 중 가장 힘든 일이었습니다. 의대 생활이나 레지던트 생활, 펠로우 생활, 엄마로 지낸 12년을 통틀어 그 어떤 부모 역할보다 더 힘들었지요. 모유가 충분치 않아서 아들에게 젖을 물리면 아팠습니다. 온종일 모유를 짜고 모유 수유에 좋다는 약과 약초까지 복용했는데, 신체적으로나 심적으로나 진이 빠지고 스트레스가 어마어마했습니다. 초보 부모의 대부분은 모유 수유 초반에 어려움을 겪습니다. 그 가장 큰 이유는 모유 수유를 모 아니면 도처럼, 즉 모유 수유만 하거나 아예 하지 않아야 한다고 여기기 때문이지요. 모유 수유와 분유 수유를 병행하는 것을 옹호하는 분위기가 아닙니다. 저 역시도 첫 아이에게 모유만 먹일 수 없었을 때 엄마로서 자격 미달이라고 생각했으니까요. 많은 초보 엄마에게 그 죄책감은 엄청납니다. 따라서 모유 수유의 목적을 짚어볼 필요가 있습니다. 왜 모유 수유를 하고 싶은지? 면역 효과 때문에? 비용이 더 적게 들기 때문에? 아기와의 유대감 형성 때문에? 이 모든 목적은 모유 수유만 고집하지 않는 경우에도 충분히 달성할 수 있습니다.

●디나 쿨리크, 소아과 전문의

마침내 통증이 줄기 시작했다. 주변을 걸어 다녔고, 움직일 때 복대를 착용할 필요가 없어졌다. 봉합 부위가 아물었고 실밥도 떨어졌다. 수술 자국에 닿는 옷도 입을 수 있었다. 몇 주가 지나자 어느 정도 '괜찮아'졌다고 말할 수도 있었지만, 여느 초보 엄마와 마찬가지로 출산 후 정상 상태는 존재하지 않았다.

하나 덧붙이자면, 이 시기에는 당신의 질에 대한 이야기를 많이 하는 기분이 들 것이다. 아니, 그냥 질 이야기부터 이어갈 것이다. 놀이터에서 아이들 그네를 밀어주다가 만나게 된 낯선 사람들끼리 서로 통성명을 하기도 전에 출산이 질에 미치는 영향을 이야기할 것이다. 그 영향에 대해 말하자면, 살짝 찢어진 경우부터 여러 바늘 꿰맬 정도로 찢어진 경우까지 다양할 수 있다. 아픈 것을 그냥 참을 필요는 없다. 이전 세대의 초보 엄마들이 '패드시클padsicle(냉동실에 넣어 차갑게 만든 대형 패드)'이나 '콘드시클condsicle(물을 가득 채워 얼린 콘돔)' 같은 회음부용 아이스팩을 발명했기 때문이다. 가능하면 출산 전에 두 가지 아이스팩을 다 만들어볼 수 있도록 재료와 만드는 방법(265쪽 참고)은 뒷부분에 별도로 설명해뒀다.

필요한 준비는 거기서 끝이 아니다. 아기를 위한 기저귀 교환대를 만드는 것과 마찬가지로, 깨끗하게 닦고 통증을 다스리고 속옷을 자주 갈아입을 수 있도록 화장실에 산후 용변처리 필수 용품 세트를 마련해두어야 한다. 이 목록(264쪽 참고) 역시 뒷부분에 별도로 정리했다.

신생아와의 한집 생활에 적응하는 일은 육체적으로나 정서적으로나 환희와 실수의 연속이다. 첫 번째 주는 전혀 실감이 나지 않았다. 우리만의 공간으로 돌아왔고, 겉으로는 모든 것이 똑같아 보였다. 하지만 나는 안개 속에서 지내는 것 같았다. 잠잘 생각은 거의 없이, 내가 깨어 있는 시간뿐 아니라 잠을 자야 하는 시간에도 대부분 내 가슴에 자석처럼 붙어 있는 것 같은 못생긴 갓난아기가 빽빽거리며 울고 있었다.

초보 엄마가 알아야 할 것이 있다. 신생아는 당신이 생각하는 것보다 훨씬 덜 연약하다는 점이다. 당신도 마찬가지이다. 아기들은 절대 꺼지지 않는 알람시계와 같아서 필요한 것이 있으면(때로는 필요한 것이 없을 때도) 곧장 큰 소리로 알려줄 것이다. 물론 아직 말은 할 수 없지만, 울음소리로 엄마와 의사소통을 하고 있는 셈이다. 이런 상황에 감이 잡힐 것이고, 새로운 역할이 더 편안해질 것이고, 이 낯선 산후 지옥에서 영원히 살지는 않을 것이라는 내 말을 제발 믿어주기를.

나는 낯선 사람과 함께 병원에서 집으로 돌아왔다. 적어도 처음에는 내 아들이 그렇게 느껴졌다. 갓난쟁이 아들을 집에 데려왔을 때 둘이서 함께 우는 것 외에 무엇을 해야 할지 몰랐다. 아들은 나를 쳐다보고 나는 아들을 쳐다보다가 우리는 같이 울어버렸다. 우리 둘 다 무서웠지만, 시간이 지나면서 함께 성장했다. 무섭고 어색하고 감당하기 어려운 기분이 동시에 든다. 매 순간 본능적으로 어떻게 해야 할지 모른다고 해도 괜찮다. 어려운, 대단히 어려운 일이다. 하지만 항상 그만한 가치가 있다.

solution

퇴원 후 집에서 보내는 처음 며칠 동안은 상상한 것보다 훨씬 힘겨울 거예요. 하지만 금세 감이 잡힐 겁니다. 약속하건대, 분명 나아질 거예요. 초보 엄마에게 도움이 될 몇 가지 팁을 아래에 담았습니다.

1
집으로 돌아가는 물리적인 계획을 세우세요

퇴원했다고 해서 집으로 가는 여정이 끝나는 것은 아닙니다. 계단을 걸어 올라가야 하는지? 만약 제왕절개를 했다면 계단을 오를 수 있을 것인지? 주차장에서부터 걸어갈 수 있는지 아니면 문 앞에 내려줘야 하는지? 차가 주차되는 동안 당신을 맞아 집으로 들어가는 것을 도와줄 친구나 가족이 있는지? 어떤 교통수단을 이용하든, 실제 집에 들어가기까지 짧은 여정처럼 보일 수 있지만 예상보다 더 까다로울 수 있습니다. 철저히 따져보세요.

2
커닝 페이퍼를 준비하세요

아기가 숨을 쉬고 있는 걸까? 몸이 너무 뜨거운 걸까, 아니면 너무 차가운 걸까? 기저귀를 갈아주어야 할까? 다음에는 언제 젖을 먹을까? 무슨 문제가 생기면 어쩌지? 저는 강박 공포에 휩쓸리기 일보 직전이었고 마음의 평정을 유지하는 데 도움이 될 것이 필요했습니다. 그래서 간단한 커닝 페이퍼를 만들었어요. 소아과 전문의에게 산모가 집에 도착했을 때 알아야 하는 가장 중요한 정보를 공유해 달라고 부탁했죠. 쿨리크 박사는 출산 전에 응급 처치와 심폐소생술 강좌 듣기를 권했습니다. 이런 기술이 필요한 경우는 드물지만, 막상 필요한 경우가 되면 훨씬 편안한 마음이 들 테니까요. 자신이 그런 것을 할 수 있다는 사실을 알게 되면 자신감도 생길 거예요. 아울러 다음의 몇 가지를 더 추천해줬습니다.

▶ 아기는 하루에 생후 일수만큼 기저귀를 적십니다. 생후 2일이면 최소한 기저귀를 2번(오줌이나 똥 혹은 둘 다) 적시고, 생후 3일이면 3번 적시는 겁니다. 이런 식이 생후 5일까지 이어집니다. 그 이후에는 기저귀를 셀 수 없이 갈아야 할 거예요.

▶ 아기는 2~3시간 간격으로 하루에 최소 8번은 수유해야 합니다.

▶ 아기는 하루에 많은 시간을 잘 수 있지만, 수유 전이나 후에 정신을 차리고 움직이게 하는 시간도 있어야 합니다. 이 깨어 있는 순간은 고작 몇 분밖에 되지 않겠지만 아기가 수분을 충분히 섭취하고 있다는 것을 보여줍니다.

▶ 만약 아기가 기운이 없고 지나치게 잠이 많고 피부색이 점점 노랗게 되거나 젖을 잘 먹지 않거나 오줌을 너무 자주 싼다면 소아과 의사에게 연락하거나 가장 가까운 응급실로 가야 합니다.

3 최소한 첫 주의 식사 계획을 세워두세요

이것은 아무리 강조해도 지나치지 않습니다. 때가 되면 어떻게든 될 거라고 넘어가지 마세요. 배가 고프다는 것을 깨닫게 될 즈음에는 누구에게도 요리할 여력이 남아 있지 않을 겁니다. 미리 식사 계획표를 만들어두면 그 계획표에 따라 친구들이나 가족들이 직접 음식을 만들어 가져다주거나 배달 서비스 쿠폰을 보내줄 수 있을 거예요. 알레르기가 있거나 선호하는 식재료처럼 음식 제약이 있다면 잊지 말고 알려주세요. 출산 직전에 음식을 미리 만들어 얼려놓는 방법도 있습니다. 물론 냉동실 사정이 허락해야겠지만요.

4 방문객들을 이용합시다

사람들이 집으로 찾아와 아기를 보고 싶어 할 겁니다. 물론 말로는 당신의 안부를 직접 확인하고 싶다고 하겠지만, 전혀 사실이 아니에요. 갓난아기를 보고 안고 싶을 뿐입니다. 하고 싶은 대로 놔두세요(이 시기에 사람들이 집에 오는 것이 편안하다면요). 누군가 당신 아기를 안고 있다면 당신은 아기를 안고 있을 필요가 없다는 뜻입니다. 그 시간을 당신만을 위해 이용하세요. 상대방에게 양해를 구하고 무언가를 먹거나 마시거나, 옷을 갈아입거나, 샤워를 하는 것도 충분히 용인될 수 있습니다. 모든 사람이 이 기간에 놀러 오려는 것처럼 보일 수 있지만, 금세 줄어들 거예요. 할 수 있을 때 혜택을 누리세요.

5 계획과 예상에 유연하게 대처하세요

집에 도착했을 때 기대하거나 원하는 상황이 있을 겁니다. 당신이 잠잘 곳, 아기가 지낼 곳, 파트너의 대처 수준 등 말 그대로 당신 삶의 작은 부분 하나하나까지. 충분히 그럴 수 있기 때문에 미리 준비하는 것이 현명합니다. 하지만 상황이 바뀔 수 있다는 것도 받아들일 수 있어야 해요. 계획에 없던 제왕절개 수술을 하는 바람에 집에 도착했을 때 처음 예상했던 것보다 잘 움직이지 못하거나, 아기가 다른 방에 있을 때는 괜찮다가도 한방에 함께 있으면 쉴 새 없이 악쓰고 울 수도 있습니다. 이유가 무엇이든 집의 구조를 조정해야 할 수도 있고요. 이에 대해 전혀 개의치 않는 산모가 있는가 하면 새로운 상황에 적응하는 것을 불안하게 생각하는 산모도 있습니다. 또한 오늘은 괜찮았던 것이 내일이면 그렇지 않을 수도 있고요. 당장은 상황이 유동적일 수밖에 없는데, 그렇다고 해서 당신이 잘못하고 있다는 뜻은 아니에요. 아기들도 그렇게 혼란스러워할 뿐입니다.

6 회음부를 관리합시다

저는 제왕절개 수술을 했음에도 질이 여전히 아팠어요. 자연분만을 했다면 얼마나 더 아팠을지 상상조차 되지 않습니다. 산후 화장실 용품 세트를 명심하세요. 필요할 수밖에 없을 거예요. 어떤 식으로 분만을 했든 꽤 오랫동안 출혈이 있을 테니 자주 씻어야 합니다. 자연분만을 하지 않은 질이라고 해도 출산 후에는 민감해질 거예요. 천천히 볼일을 보고, 휴대용 비데를 사용하고, 패드시클을 만들고, 소녀처럼 연약해진 회음부를 여왕처럼 대하세요. 갓난아기를 돌보는 데 집중하는 것처럼 산후 몸조리에도 똑같이 집중합시다. 회음절개를 했거나 어디 찢어진 부위가 있다면 특히 그렇고요. 당신의 질을 우선적으로 배려하세요. 그런 대우를 받을 자격이 충분히 있습니다.

7 모유 수유는 힘들고 예측하기 어렵습니다

모유 수유에 영향을 미치는 요인은 많고도 많아서 초보 엄마들 대부분은 출산 후 처음 며칠 안에 그 전부를 파악하지 못합니다. 심지어는 출산 후 몇 주가 지나도 그렇고요. 저의 경우를 예로 들어보자면, 처음부터 모유가 아주 잘 나와서 정말 운이 좋다고 다들 말했습니다. 하지만 저는 젖이 유관을 통해 분비되도록 하는 청각적 혹은 시각적 자극(아기의 울음소리 혹은 아기를 쳐다보는 것)뿐 아니라 젖꼭지 자극에 의한 호르몬 변화 때문에 곧장 깊은 슬럼프에 빠져서 수유하는 동안 내내 고통스러웠습니다. 모유 수유할 때 자리에 앉아 아기를 안는 일에 서툴렀고, 계속해서 아기를 고쳐 안다 보니 아들이 젖꼭지를 놓치는 일도 많았죠. 때로는 모유가 충분히 나오지 않아서 분유나 기부받은 모유로 보충하는 경우도 있었고요. 친구 중 한 명은 여동생의 출산 몇 개월 전에 아기를 낳았는데, 동생의 모유가 충분히 나오지 않자 자신의 모유를 택배로 보냈습니다. 같은 가족이라고 해도 모유가 잘 나오는 경우가 있는가 하면 모유가 잘 나오지 않아 고생하는 경우도 있어요. 자신을 다른 사람과 비교하지 말아야 합니다. 아기들도 제각각이에요. 또 다른 친구는 첫째한테는 편하게 모유 수유를 했지만, 둘째는 담당 소아과 의사가 아기에게 설소대 단축증tongue-tie이 있다는 것을 발견하기 전까지는 모유 수유에 어려움을 겪었습니다. 설소대는 혀의 아랫면과 입의 바닥을 연결하는 막으로, 설소대가 짧으면 혀의 운동이 제한되어 모유 수유에 방해가 된다고 해요(설소대 단축증은 일반적으로 저절로 해결되지만, 반드시 담당 소아과 의사와 상의하세요). 모유 수유는 거의 모든 산모에게 어려운 일입니다.

8 당신은 누구에게도 빚진 게 없습니다

신생아와 집에서 지내는 처음 며칠 동안 가장 중요한 것은 당신과 파트너 그리고 아기입니다. 누군가 집에 와서 아기를 보고 싶어 하는 것은 아주 좋은 일이죠. 하지만 그 사람 마음대로 할 권리가 있다는 의미는 아닙니다. 물론 멀리서 왔다거나 함께 지내는 경우라면 그렇게 간단치만은 않은 문제일 겁니다. 그렇지만 당신은 솔직해야 하고 자신의 욕구를 스스로 지켜야 합니다. 상대에게 당신의 상태를 알려주고 양해를 구해서 혼자만의 시간을 가지세요. 직접 말하기 민망한 기분이 들면 파트너에게 도움을 요청합시다. 당신은 이제 막 출산했고, 적어도 자궁 출혈이 멈추기 전까지는 손님맞이 역할을 기대해서는 안 됩니다.

9 당신은 할 수 있어요

집에 온 처음 며칠 동안은 자기 의심으로 가득할 거예요. 하지만 점차 힘든 순간에 대처하고 스스로를 믿는 법을 배우는 데 한결 능숙해질 겁니다. 초반에 여러 대처 기술을 키워두면 분명 도움이 될 거예요. 더 이상 참을 수 없을 때까지 기다리지 마세요. 다른 사람에게 부탁하고 잠시 쉬어도 괜찮습니다. 혹은 안고 있던 아기를 잠시 뉘어놓고 심호흡을 몇 번 해보세요. 차 한 잔을 마시거나 좋아하는 노래를 듣는 것도 긴장을 푸는 데 도움이 될 거예요. 기분이 울컥했다가도 불과 몇 분 만에 갑자기 계속할 힘이 생긴다는 사실이 놀라울 거예요. 자신에게 도움이 되는 방법을 찾아서 해보세요. 당신은 강한 사람이며, 최고의 엄마입니다.

당신의 아기는
행복하고 건강한 엄마를
가질 자격이 있다.
그리고 당신은 새로운 역할을
즐길 자격이 있다.

스스로 나서서
주도권을 잡는 것이야말로
멘탈이 가장 약해졌을 때
해야 할 일이다.

엄마 역할에
적응하기

04

SNS에서는
훨씬 쉬워 보였는데

아기를 돌보고, 모유 수유를 하고, 산후조리를 하는 등 새로운 삶에 필요한 온갖 일을 하는 것에 더해 나는 출산 후 처음으로 치르는 배변의 고통과도 싸워야만 했다. 이전에 수술을 받은 적이 있어서 마취를 하면 변비가 생길 수 있다는 것을 기억하고 있었다. 친구들 또한 출산 후 첫 번째 배변이 과히 유쾌하지 않았다고 말했던 터라 살짝 변비가 생기면 고생 좀 하겠다고 생각했다.

변비도 고생도 모두 내 예상을 훌쩍 뛰어넘었다.

집으로 와서 처음 며칠은 정신이 없었다. 나는 몸조리를 해야 함에도 불구하고 아기 생각밖에 하지 않았다. 몸조리에 신경을 썼다면 내 몸에서 빼내야 할 것이 하나 더 있다는 사실을 알아차렸을지 모르겠다. 나는 날짜 계산을 해보고 7일 전 제왕절개 수술을 한 아침 이후로 배변을 하지 않았음을 깨달았다.

전직 간호사인 엄마는 똥 배출 작전이라는 작전명을 붙이고 이 '똥배 작전'에 필요한 모든 비품을 신속하게 냉장고에 비축했다. 급히 담당 산부인과 의사에게 전화를 해보니 10일째에도 배변을 하지 못하면 병원에 와서 도움을 받아야 한다고 했다. 엄마는 내가 그런 운명에 처하지 않도록 도와주겠다고 각오를 다졌다.

말린 자두, 자두 주스, 과일, 채소, 겨, 대변 연화제가 내 식단의 큰 부분을 차지하게 되었다. 모유 수유를 위해 필요 이상 마시는 식음료와 똥배 작전과 관련된 온갖 음식물에 치여 속이 울렁거리는 느낌이 들기 시작했다. 제왕절개 수술에서 회복한 덕분에 화장실까지는 간신히 걸어갈 수 있었지만, 24시간 내내 소변이 마려웠다. 변기에 앉기도 전에 바지에 실수를 하는 바람에 화장실에서 울고 있는 모습을 남편이나 엄마에게 들킨 적이 한두 번이 아니었다. 우리는 액체 음식을 조금 줄이기로 했다.

7일째가 되자 나는 이제 때가 되었다고 생각했다. 배가 조금씩 아프더니 뱃속에서 몇 차례 우르릉거리는 소리가 났다. 최대한 빨리 화장실로 갔지만, 실제로는 너무나도 천천히 절뚝거리며 변기 위에 앉았다. 모든 사람에게 걱정(동시에 관심)의 순간이 되고 있었다. 화장실에서 나오면 부모님과 남편의 기대에 찬 얼굴이 기다리고 있었다. "어떻게, 성공?" "기뻐서 우는 게 아니야." 한 번은 대답 대신 흐느껴 울기도 했다.

8일째 되는 날, 나는 단단히 마음을 먹었다. 가장 최근에 복용한 진통제 덕분에 감각이 둔해지면서 자신감을 얻었다. 장을 차지하고 있는 달갑지 않은 세입자를 쫓아내려고 했을 때 느꼈던 묵직한 통증을 무시할 수 있을 만큼 자신만만했지만, 결국 치핵 출혈이 발생하면서 자신감이 너무 지나쳤음이 드러났다. 엄마가 되는 것이 마냥 황홀하지만은 않다는 말을 결코 흘려듣지 말자.

전문가 조언

산후 배변은 통증이 있고 완화되지 않는다면 문제가 될 수 있습니다. 산후 배변에 걸리는 시간은 산모마다 다르고, 먹는 음식 혹은 먹지 않는 음식에 따라서도 다르지요. 단순 탄수화물을 너무 많이 섭취하면 변비가 심해질 수 있어 식단을 조절해야 하는 경우도 있습니다. 아프거나 걱정되는 점이 있으면 담당 의사에게 연락하세요. 무시하고 넘어갈 문제가 아닙니다. 통증을 유발할 수도 있고, 심한 경우 대변 덩어리가 직장에 꽉 차서 스스로 배출할 수 없는 분변 매복fecal impaction으로 이어질 수 있습니다.

●크리스틴 스털링, 산부인과 전문의

9일째가 되었을 때 나는 대변이 내 몸속에서 석화되었다고 확신했다. 가족들이 화장실 문에서 얼마 떨어져 있지 않은 소파에 앉아 내가 화장실 안에서 무엇을 하려는지 다들 인지하고 있음을 아는 것은 결코 마음 편한 일이 아니었다. 하지만 출산 이후 내리 며칠 동안 내 변비 문제를 의논한 뒤로 가족들과 새로운 차원의 친밀감이 형성되면서 나에게는 고상함이라는 것이 거의 남지 않았다. 너무 고통스러운 나머지 제왕절개 부위 실밥이 터져버리거나(실제 그런 일은 없었다) 치핵 출혈 정도는 일어날 것 같았지만(실제 출혈이 있었다), 변기에 앉아서 힘으로 밀어붙인 끝에 마침내 성공했다.

눈물이 고였다. 주로 통증 때문이었지만, 일부는 안도감 때문이기도 했다. 내키지 않았지만, 나는 봐야만 했다. 마치 고고학처럼 겹겹이 쌓인

지난 9일간의 행적을 분명하게 볼 수 있었다. 두 번째 출산을 한 것 같은 기분이 들었다. 똥배 작전은 마침내 종료되었다.

안타깝게도 그날은 내 몸속에 비축되었던 자두, 섬유질, 대변 연화제가 모두 제 역할을 하는 바람에 지나칠 정도로 설사를 하게 된 날이기도 했다. 돌처럼 단단히 가로막고 있던 이 중대 시점을 통과한 뒤에도 두려움과 불안은 끝나지 않았다. 알고 보니 그와 같은 감정을 불러일으킨 일들은 훨씬 더 많이 있을 터였다.

부모라는 새로운 역할에 적응하려고 애쓰는 당신과 파트너의 입장에서는 움직이는 물체 여러 개가 제각각 반대 방향으로 향하는 듯한 당혹스러운 기분이 들 수 있다. 하지만 실제로는 생각하는 것보다 훨씬 감당할 만하다. 따져 보면 이 기간에 벌어지는 모든 일은 기본적으로 방문객, 집, 수유, 감정이라는 4가지 범주로 구분할 수 있다. 물론 아기의 건강, 성장, 발달에 관한 것도 중요하지만, 그런 것은 다른 책에서도 볼 수 있다. 이것은 당신에 관한 책이다.

먼저 엄마라는 새로운 역할을 수행함에 있어서 방문객은 까다로운 부분이다. 많은 초보 엄마들에게 방문객 문제는 애증의 관계와 같다. 한편으로는 아기를 자랑하고 가족이나 친구들에게 즐거움을 주고 싶지만, 다른 한편으로는 아기를 보호막 안에 넣어두고 반경 2미터 이내로 접근하는 사람에게는 방호복을 지급하고 싶은 기분이 들 수 있다. 안타깝게도 자신의 기분이 어떨지 매번 예측할 수는 없다. 나는 가족들이 줄줄이 우리 집으로 왔으면 싶었지만, 방문 시간이 되자 방호복을 지급하고 싶은 쪽으로 마음이 기울었다. 현실은 당신의 아기를 영원히 고치처럼 싸서 보호할 수는 없지만 당신의 기분이 좋아질 수 있도록 경계선은 스스로 정할 수도 있다는 것이다.

팬데믹을 겪으면서 사람들에게 누군가 집에 올 때 바라는 점(신발을 벗을 것, 손을 씻을 것, 감기에 걸렸으면 오지 말 것 등등)을 말하는 것이 더 편해졌다. 불과 몇 년 전만 해도 남편은 집에 온 사람들에게 우리 아기를 안기 전에 손을 씻으라고 하면 혹여나 기분을 상하게 할까 봐 걱정했었다. 다행히도 그런 걱정들은 포스트 코로나 시대에 접어들면서 사라졌다. 나는 거실에 손 소독용 티슈를 준비해뒀고, 그것을 상대방에게 손 씻기를 부드럽게 요청하는 수단("소파 뒤 테이블 위에 손 소독용 티슈가 있어요. 아니면 주방이나 욕실에서 손을 씻어도 되고요.")으로 이용했다.

방문객들에게 미리 선을 긋는 것이 불편하다면 언제든지 거짓말을 할 수도 있다. 정말 거짓말을 하는 것이다. 만약 누군가 오후 4시에 올 예정인데 손님을 오래 맞이할 여력이 없다는 생각이 들면 이렇게 말하는 것이다. "좋아요. 5시에 이모와 영상 통화를 할 테니깐 4시 45분 정도까지는 시간이 괜찮을 거 같아요."

기억하자. 나쁜 의도를 품고 당신 집으로 찾아오는 사람은 아무도 없다. 상대방은 갓난아기를 직접 보고 축하해주려는 것뿐이다. 그렇다고 해서 당신이 손님을 맞이해야 하고 상대방이 원하는 만큼 오래 머물 수 있게 해야 한다는 의미는 아니다. 당신은 경계선을 그을 수 있고 그어야 한다.

두 번째는 집이다. 시간이 지나고 갓난아기가 몰고 왔던 안개가 걷히기 시작하면 지진이 난 것처럼 모든 것이 뒤죽박죽인 상태에서 어떻게 깨지 않고 잠을 잤는지 궁금할지 모른다. 당신 탓이 아니다. 다만 청소에 신경 쓰지 못했을 뿐이다.

　내 주변 상황을 알아차렸을 때쯤에는 곳곳에 물건이 쌓여 있었다. 싱크대에는 접시가 한가득이었고, 방마다 아기용품이 흩어져 있었다. 운이 좋게도 부모님이 있는 동안에는 집안일 도움을 받았는데, 부모님이 떠난 뒤에는 집안 정리를 하는 것이 어려워졌다. 우리 집에서는 모든 것이 제자리가 있고, 나는 모든 것이 그 자리에 있을 때 잠을 더 잘 잔다. 빨랫감이나 설거짓거리가 쌓여 있는 것을 참지 못하고, 아무리 적은 양이라도 그냥 놔두지 못한다. 잠을 자려고 애쓰는 대신 청소를 하는 유형이다. 나는 출산 전의 집안일 일정을 지키려고 노력했는데, 강도가 만만치 않은 데다가 갓난아기가 있는 상황에서는 불가능했다.

　남편은 언제나 그런 면에서는 조금 태평스러운 스타일이어서 어지러운 집안 꼴을 모른 척하는 데 전혀 지장이 없었고, 나에게도 그렇게 해보라고 계속 권했다. 남편의 말은 우리 가족이 불결한 환경에서 지내도 괜찮다는 것이 아니라 더 여유 있는 태도를 취해야 한다는 의미였다. 그 말은 나를 엄청 열받게 했다. 남편이 도우려는 마음도 없고 내가 집을 깨끗이 하려다 돌아버릴 지경인데도 개의치 않는다고 생각했다.

　나는 극성스레 변기를 닦고 수납장 문을 꽝꽝 닫고는 했다. 세탁한 옷들을 개어서는 화를 내며 옷장 안에 집어넣었다. 분노의 청소는 나의 새로운 취미가 되었다. 나는 남편이 집에 있을 때 분노의 청소를 했다. 어쨌든 내가 낑낑대며 청소하는 모습을 보면 남편도 어쩔 수 없이 동참할 거라고 생각했다. 일종의 수동적 공격 방법이었는데, 그나마 형편없었다.

　초보 엄마는 출산 전보다 여가 시간이 확실히 적어진다는 사실을 알고는 있었지만 받아들일 마음이 없었던 것 같다. 이는 당분간 여가 시간은 더 없을 테니 한때 여가 시간에 했던 일들 중 일부는 포기해야 한다는 의미이다. 앞으로는 세탁한 옷들을 개지 않는다거나 다시는 개를 산책시키러 나가지 않는다는 것이 아니라 그런 일들이 조금 다르게 일어날 것이라는 말이다. 아마도 빨래를 갤 시간과 여력이 생기기 전까지 세탁한 옷들이 여러 군데 쌓여 있게 내버려둘 수도 있다. 반려견을 산책시키는 시간은 더 짧아지거나 수유하지 않는 틈을 타서 해야 할 수도 있다. 맞서 이겨내려는 대신 당분간은 이런 식일 수밖에 없고, 갓난아기와 함께하는 지금 같은 생활이 영원하지 않을 것이라는 사실을 받아들이려고 노력하자. 나는 결국 어쩔 수 없이 몇 가지 일은 포기했다. 예전에 했던 것처럼 계속하는 것은 불가능했다. 그런 깨달음을 조금 더 빨리 얻었더라면 좋았을 텐데.

또한 임신 중에 남편과 함께 집안일 계획을 세웠더라면 좋았을 텐데 싶었다. 우리 기준과 절충할 수 있는 수준의 계획이거나, 적어도 평상시처럼은 되지 않는다고 해도 여전히 계획대로 될 거라고 나를 안심시킬 수 있는 실질적인 계획을 말이다.

아파트에 거주한다면 스트레스가 가중될 수 있다. 아파트에 사는 많은 엄마들은 아기 울음소리 때문에 이웃 주민들에게 불편을 끼칠까 봐 염려하고, 혹여 이웃들이 어떻게 반응할지 걱정한다. 대부분의 경우, 일어날 수 있는 상황보다 더 심각한 상황을 떠올린다고 장담할 수 있다.

어느 날 밤, 아들이 느닷없이 새벽 2시에 깼는데 다시 재울 길이 없었다. 거의 한 시간을 소리 지르며 우는 바람에 우리 부부는 아들을 차에 태우고 세 시간 동안 시내를 돌아다녔다. 아들도 잠이 들고, 이웃 주민들도 잠을 잘 수 있도록 말이다. 다음 날 이웃에게 우리 부부가 했던 일을 말했더니 그 이웃은 이렇게 말했다. "다시는 그런 생각하지 말아요. 아이가 있잖아요. 그럴 수 있어요!"

만약 마음이 더 편할 것 같다면, 이웃들에게 집에 아기가 있다는 사실을 알려서 생소한 시끄러운 소리가 난다는 것을 수긍하게 만드는 것도 좋다. 하지만 마음에 여유를 가지자. 아파트 생활이라는 것이 그런 것이고, 이웃들과 마찬가지로 당신은 아기와 아파트에서 살 권리가 있다. 역시 아파트에 거주하는 한 친구는 이렇게 말했다. "내 앞에서 말하지 않으면 다들 어떻게 생각하는지는 내가 걱정할 수 있는 일이 아니야."

> ## 초보 엄마 경험담
> 헤일리 P.

평소 소음에 예민한 편이어서 이웃들이 아기 울음소리를 어떻게 견뎌낼지 조금 많이 걱정이 되었다. 우리는 복도에서 이웃들을 볼 때면 사과를 했는데, 항상 같은 반응이었다. 정작 그들은 아무 소리도 듣지 못했다는 것이다. 아마도 거짓말일 거라는 생각이 들었지만, 기분도 한결 나아지고 마음도 편해졌다. 매우 친절한 이웃들이었다. 우리가 받고 있는 스트레스와 긴장감을 알고 있는 것 같았다. 한숨도 못 자고 힘든 밤을 보낸 어느 날 아침, 현관문을 가볍게 두드리는 소리가 들렸다. 문을 열자 복도 바닥에 놓인 컵케이크 상자가 보였다. 잠도 제대로 자지 못했을 텐데 누군가 우리를 위해 그렇게 친절한 일을 했다는 사실에 너무나 힘이 났다. 그 덕분에 아기 울음소리에 대한 걱정도 좀 덜었는데, 컵케이크에 버금가는 든든한 선물이었다.

세 번째로 이 시기에도 수유는 여전히 삶의 중요한 부분일 것이다. 아마도 모유 수유와 분유 수유를 병행하는 혼합 수유로 전환하거나 모유 수유를 완전히 중단하는 것을 생각할 수도 있다. 아니면 모유 수유나 분유 수유 중 어느 하나를 하고 싶지만 모유 수유만 해야 될 것 같은 기분이 들 수도 있다. 앞서 언급했듯이 미국 신생아 중 83.2퍼센트가 모유 수유로 시작한다. CDC의 같은 보고서에 따르면 이제는 이 수치가 감소하기 시작했다. 생후 1개월 기준, 모유 수유를 하는 신생아는 78.6퍼센트라고 한다. 여기에는 모유 수유만 하는 수치와 혼합 수유를 하는 수치도 포함되어 있다. 생후 6개월 기준으로는 55.8퍼센트까지 떨어지는데, 이 중에 모유 수유만 하는 수치는 24.9퍼센트에 불과하다.

나에게 모유 수유는 계속 힘든 일이었다. 나는 모유 수유를 덜 하고 싶지만 정작 그렇게는 하지 않는 엄마들 중 하나였다. 모유 수유 생각만 해도 불안한 마음이 들었다. 시계를 쳐다보다 이제 다시 아들이 젖을 먹을 시간이 된다는 생각에 긴장이 되곤 했다. 아들의 빽빽거리는 소리를 기다렸다가 심호흡을 하고는 아들을 안아 들었다. 상의를 거의 허리까지 내릴 수밖에 없는 상태로 베개 두 개와 발판을 이용해 수유 자세를 잡았다. 한껏 부푼 내 가슴에 비해 훨씬 작은 귀여운 머리통을 바라보며 긴장된 마음을 가라앉히려 했다. 가슴 이야기는 과장이 아니다. 젖이 돌면 가슴이 내가 잠든 사이 누군가 이식을 한 것처럼 보인다. 단, 부드러운 보형물이 아니라 화강암 바위 같은 보형물을 이식한 것 같다. 물론 어떠한 수술을 받을 만큼 한 번에 오래도록 잠드는 경우가 없을 테니 그런 일은 절대 일어날 수 없지만.

아들이 젖을 먹으면 온몸에서 통증이 솟구치듯 나타났다. 통증에 익숙해지기는커녕 아들이 젖을 빨 때마다 처음부터 다시 시작되곤 했다. 나는 비명을 지르지 않거나 아들을 겁먹게 하지 않으려고 숨을 참았고, 몇 분 지나면 우리 모자는 안정을 찾곤 했다. '운이 좋으면' 아들은 두세 시간마다 젖을 먹었다. 때로는 그보다 훨씬 자주 젖을 먹었다.

어느 날 밤 내가 너무 괴로워하자 남편이 마트에 가서 분유를 사오겠다고 했다. 하지만 우리는 어떤 종류의 분유를 사야 할지, 분유는 얼마나 주어야 할지 알지 못한다는 것을 깨달았다. 우리가 받은 정보는 전부 모유 수유에 관한 것이었다.

아들은 몸무게가 늘었고, 건강했다. 아들의 첫 번째 소아과 진료에서 나는 마법의 모유 덕분에 칭찬을 받았고 모유 수유를 계속할 수밖에 없다는 생각이 들었다. 모유 수유에는 좋지 않은 약을 복용해야만 치료할 수 있는 치명적인 질병에 걸리기를 몰래 기도하며 마지못해 그렇게했다. 나는 모유 수유를 계속했다.

지금은 한결 냉철하게 생각하고 모유 수유마저 끝마친 터라 예전에는 결코 알아채지 못했던 모유 수유를 둘러싼 또 다른 문제가 눈에 들어온다. 모유 수유는 엄마의 정신 건강에 영향을 미칠 수 있는 중요한 요인

임에도 이런 점을 고려하지 않는 듯하다. 우리는 모유와 모유 수유가 아기에게 주는 이점은 알고 있다. 하지만 모유 수유가 엄마에게 어떤 영향을 미치는지 또한 중요하게 생각해야 할 때이다.

모유 수유가 나에게 정서적으로 맞지 않았을 때 모유 수유를 중단하거나 수유 계획을 바꿔도 괜찮다는 말을 더 많이 들었다면 어땠을까. 나는 모유 수유를 더 잘하기 위해 수유 컨설턴트와 상담도 했는데, 모유 수유가 별로라고 솔직하게 말했다. 모유 수유할 때가 되었다는 것을 알고 있으니 아들을 안았을 때 두려움에 움찔하다시피 했다고 설명했다. 돌이켜보니 내 정신적 고통이 어떻게 우울증을 키웠는지 혹은 그 반대였는지도 알겠다.

물론 모유 수유는 아주 좋다. 그 이점을 널리 알리고 그만큼 여성들에게 필요한 교육을 제공해야 한다. 그러나 아기에게는 모유의 이점보다 행복한 엄마가 '더' 필요하다는 인식도 강화시켜야 한다. 때로는 산모의 정신 건강과 모유 수유라는 두 마리 토끼를 모두 잡을 수 없으니까. 모유 수유를 하는 것도 좋고, 하지 않는 것도 좋다. 결국 가장 중요한 것은 수유이다. 그리고 정신적으로 건강하고 행복한 엄마가 하는 수유는 훨씬 더 좋기 마련이다.

예비 부모라면 수유 계획과 관계없이 아기가 태어나기 전에 분유를 선택해두는 것이 좋습니다. 모유 수유에서 분유 수유로 바꾸거나 혼합 수유를 결정하는 시점이 자기 감정을 가누지 못할 때이거나 한밤중이길 바라는 사람은 없을 테니까요. 수면이 부족한 처지가 되기 전에 다양한 분유 제품을 찾아보고 직접 성분을 확인해 미리 준비해두세요. 만약 사용하지 않더라도 분유는 언제든 다른 사람에게 주거나 기부할 수 있습니다.

모유 수유를 줄이거나 완전히 이유離乳할 생각이라면 담당 산부인과 의사나 소아과 의사에게 이유 과정을 상담하거나 라레체 리그La Leche League International(국제 모유 수유 권장 단체—옮긴이) 등 온라인 정보를 참고하세요. 모유 수유를 즉시 중단하면 유선염 같은 감염의 위험이 있고, 이유 과정도 힘들 수 있으므로 가능하면 천천히 하는 것이 가장 좋습니다.

●크리스틴 스털링, 산부인과 전문의

마지막으로 내 감정은 종잡을 수 없었다. 남편은 우리가 집에 돌아온 지 3주 만에 다시 출근했고, 나는 이전과는 전혀 다른 외로움을 느꼈다. 나는 아들의 일정에 묶여 있었고, 더 이상 내 삶의 주도권이 없다는 느낌만 들었다.

갓난아기가 사랑스러울 수 있지만 크게 하는 일이 없다는 점도 도움이 되지 않았다. 아들은 아직 웃지 않았고 많이 울기만 했다. 육아서에 따르면 내 아들은 아직 눈에 초점도 맞출 수 없었다. 배앓이도 했는데, 신생아에게는 흔한 일이라지만 역시 마음은 아팠다. 그리고 솔직히 말하면 짜증이 났다. 배앓이를 하는 아기들은 저녁이 되면 더 보채면서 소위 '마의 시간witching hour(마녀가 출몰하는 한밤중을 의미—옮긴이)' 내내 운다. 이는 전혀 정확한 용어가 아니다. 마의 '시간들'이라고 하는 편이 맞다. 마의 시간은 한 시간이 아니라 몇 시간이나 지속되기 때문이다.

울음소리, 아직 성숙하지 않은 아들의 성격, 외로움 속에서 나는 전혀 행복하지 않았다. 동시에 죄책감도 느꼈다. 아들을 사랑했지만, 아들과 사랑에 빠지지는 않았기 때문이다. 아들을 보면 안아주고 지켜주고 싶은 귀엽고 작은 아기라는 생각이 들었지만, 나를 굴복시킬 정도의 압도적인 사랑의 감정은 전혀 없었다. 사실 아들이 태어났을 때 처음 아들을 보면서도 어떻게 해야 할지 몰랐다. TV나 영화에서 본 것처럼 눈물이 쏟아질 거라고 예상했다. 눈과 코가 빨개지며 퉁퉁 붓는 사이 콧물이 줄줄 흐르도록 흐느껴 울 거라고 생각했다. 그런 일은 전혀 일어나지 않았다. 우리 모자는 그저 서로를 빤히 쳐다봤고, 나는 언젠가 그를 당황스럽게 만들 거라는 시답지 않은 농담을 했을 뿐이다.

퇴원 후 집에 돌아와서도 이런 상황이 이어지며 나를 괴롭혔다. 아들은 나에게 과분했다. 좋은 엄마들은 아이들을 미친 듯이 사랑하는데, 그렇다면 나는 좋은 엄마가 아닌 게 틀림 없었다. 나는 내가 나쁜 엄마라고 생각했다.

그와 같은 감정은 사실 임신했을 때부터 시작되었다. 나는 들떴고, 아들을 돌보고 싶었다. 하지만 반드시 '사랑에 빠졌다'고는 할 수 없었다. 당시에는 몰랐지만, 나와 같은 감정을 겪은 다른 많은 엄마들과 이야기를 해보고 나서야 그것이 아주 흔한 일임을 알게 되었다. 그런 감정이 언제 불가항력의 모성애로 발전했는지는 기억나지 않지만, 모성애가 생겼다. 당신에게도 생길 것이다.

자신의 감정 때문에 힘들다면 다른 초보 엄마들도 그렇게 느꼈고 그런 상황이 영원히 지속되지 않았다는 사실을 떠올리자. 사실 스털링 박사에 따르면 여기에는 과학적인 이유가 있다. "사람들은 곧바로 자기 아기를 사랑했고 그것이 아기를 돌보는 이유라는 이야기를 즐겨합니다. 하지만 실제 우리의 뇌는 아기를 돌보고 보호할 의무감을 먼저 느끼도록 설정되어 있고, 그런 의무감을 느낌으로써 우리는 아기와 유대감을 갖게 됩니다. 유대감이 형성되려면 시간이 걸리지만, 이를 인정하려는 사람이 거의 없습니다. 사실 완벽한 정상 궤도에 있을 때도 엄마들은 뭔가 잘못되었다고 걱정을 합니다. 아기와의 유대감은 생길 겁니다. 몇 주에서 몇 개월이 걸리는 것이 정상입니다."

solution

제가 겪었던 일은 지극히 정상적인 유대 과정이었지만, 이 책을 쓰기 전까지도 저는 알지 못했습니다. 6년 가까이 지나서야 그렇게 오래 짊어지고 있던 모든 죄책감에서 마침내 벗어난 것 같아 펑펑 울었죠. 스스로가 나쁜 엄마나 애정이 없는 엄마가 아니라는 것을 알고 매우 기뻤습니다. 동시에 오랫동안 그런 생각을 했었다는 사실에 가슴이 아팠습니다.

갓난아기와 보조를 맞추는 일은 어렵습니다. 내 인생의 기반 전체가 바뀌었으니까요. 최소한 미리 계획을 세우면 그 혼란을 크게 줄일 수 있을 거예요. 미리 알아두면 도움이 될 사항들을 참고해보세요.

1 이 상황이 영원하지는 않을 테지만, 그렇게 느낄 수 있습니다

갓난아기와 처음 집에서 몇 주 혹은 몇 개월 지낼 때는 완전히 뒤바뀐 이 삶이 영구적일 것처럼 느낄 수 있습니다. 다행히 그렇지 않아요. 결국 아기는 잠을 자고 일정에 적응하기 시작할 것이고, 당신은 '뉴 노멀'을 만들어갈 겁니다. 하지만 그런 일이 불가능한 것처럼 느껴지는 힘든 순간에는 새로운 주문을 외웁시다. "지금만 이런 거야. 영원히 이런 건 아니야."

2 실제 주인공은 당신입니다. 물론 조연도 당신이에요

다시 말하지만, 당신의 요구 사항을 내세워야 합니다. 출산을 한 것도 당신이고, 종잡을 수 없이 널뛰는 것도 당신의 호르몬입니다. 이제까지 해왔고 지금 하고 있는 모든 일에 대해 자신의 공로를 인정하고, 낮잠을 더 자거나 음식을 주문하는 등 지금 당장 자신에게 필요한 일을 하세요.

3 집안 상황은 잠시 못 본 척하세요

당신이 모든 것을 다 할 수는 없습니다. 갓난아기가 있는 집에서는 포기해야 할 것도 있기 마련이에요. 누구나 먹고, 자고, 씻어야 하죠. 이런 것들은 절충 대상이 아닙니다. 그보다 청소 용액을 이용한 청소는 건너뛰거나 줄이는 편이 좋습니다. 청소기를 돌리거나 선반의 먼지를 닦아내는 일도 잠시 미뤄도 괜찮아요. 지금 당장 신경 써야 하는 더 중요한 일들이 있고, 조만간 그 모든 일을 직접 처리할 수 있을 테니까요.

4 아기가 잘 때 자고, 아기가 씻을 때 씻고, 아이가 울 때 웁시다

아들이 잠들면 저는 이제 다른 일을 해야 할 때라고 생각했습니다. 돌이켜보면 솔직히 그게 무슨 일이었는지 떠오르진 않아요. 늘 완전히 녹초 상태였다는 것만 기억납니다. 아들의 낮잠 시간을 이용해 나도 잠을 좀 잤더라면 좋았을 텐데. 당시에는 그런 조언을 듣는 것이 불가능하다고 느꼈는데, 불가능한 일이 아니었어요.

5 바지에 실수를 할 수 있고, 화장실에서 볼일을 볼 때 울음이 터질 수 있습니다

오줌, 똥, 기저귀를 수없이 볼 텐데, 단지 아기 때문만은 아닙니다. 당신도 바지에 실수를 할 수 있어요. 이것은 지극히 정상입니다. 사실 그런 초보 엄마들이 아주 많답니다. 웃어넘기고 깔끔하게 뒤처리를 하세요. 산후 첫 번째 배변은 아플 수 있습니다. 하지만 장담컨대 항문이 찢어질 일은 없습니다. 아무리 그럴 것 같은 느낌이 들어도요.

6 적당히 모면할 방법은 없습니다. 때로 정말 거지 같을 거예요

정서적으로나 육체적으로 힘겨운 순간이 있을 거예요. 하지만 임신 기간을 견디고 온전한 생명체를 세상에 내놓았으니 힘든 부분은 끝낸 겁니다.

상황이 좋아질 거라는 사실을 되새기세요. 아기는 성장하고 더 오래 잠을 자기 시작할 겁니다. 마침내 당신을 보고 미소 짓고 방글방글 웃다가 이렇게 말할 거예요. "사랑해, 엄마." (물론 그 순간 역시 지나갈 겁니다.)

7   아기는 울 거예요, 벽 너머에 이웃들이 있다고 해도요

아기들은 웁니다. 그건 사실이에요. 이웃들에게 끼칠 혹시 모를 불편함을 덜기 위해 아기가 우는 일이 일어나지 않게 하려다가는 스스로 미쳐버리고 말 거예요. 사람들은 대부분 이해할 겁니다. 아마도 그들보다 당신 스스로 더 심각하게 생각하는 경우가 많을 거예요.

8   손님들이 방문할 수 있습니다. 단, 경계선이 있어야 해요

당신과 갓난아기를 보고 싶어 하는 사람들은 누구나 선의로 방문할 거예요. 그렇다고 당신이 손님맞이를 해야 한다는 것도 아니고 이런 방문이 파티도 아닙니다. 누구보다 당신이 편해야 하므로 손 씻기, 신발 벗기, 머무는 시간 등 자신이 원하는 바를 알려주세요. 아니면 거짓말을 해서라도 집에서 나가게 하세요.

9   소외감이 들 수 있습니다

섬에 홀로 있는 것 같은 기분이 들기 쉽습니다. 아기는 계속해서 먹이고 재우고 기저귀를 갈아주어야 하기 때문에 집 근처를 벗어나기 어려울 거예요. 그렇다고 절대 외출하지 않는다는 말은 아니고, 예전처럼 자유롭게 외출하지 못할뿐더러 외출해서도 오래 있을 수 없다는 의미일 뿐입니다. 당신보다 파트너가 먼저 다시 출근을 하면 결코 최고의 대화 상대라고 할 수 없는 연약한 아기와 남겨지게 돼요. 저는 너무 외롭고 성인과의 교류가 절실한 나머지 마트에 가야 할 이유를 만들어내고는 계산대 직원에게 쉴 새 없이 떠들곤 했습니다. 최대한 밖으로 나가려고 노력하세요. 육아 상황에 따라 아기를 데리고 혹은 아기 없이 파트너와 일주일에 한 번 외식을 할 수도 있어요. 아니면 아기를 파트너에게 맡기고 친구를 만나세요. 집 밖 세상과의 연결고리가 끊어지지 않도록 할 수 있는 일은 무엇이든 하세요.

10 유대감이 항상 즉시 생기는 것은 아닙니다

만약 아기에게 자석처럼 곧바로 끌리는 느낌이 들지 않는다고 해도 걱정하지 마세요. 억지로 끌리는 체하거나 거짓말을 하지 않아도 됩니다. 이 역시 아무도 이야기하지 않는 것들 가운데 하나인데, 이제는 말해야 합니다. 저는 6년 가까이 이 일에 대해 죄책감을 가졌는데, 그럴 필요가 없었습니다. 우리 뇌는 즉각 유대감을 느끼도록 설계되지 않았어요. 누군가를 사랑하고 보호한다고 해서 반드시 누구도 비집고 들어갈 수 없는 유대감이 곧장 생긴다는 말이 아니고, 결국에는 당신에게도 생길 것이라는 의미입니다.

물론 아기의 건강, 성장,
발달에 관한 것도 중요하지만
그런 것은 다른 책에서도 볼 수 있다.
이것은 당신에 관한 책이다.

당신은 완벽하고
지금 그대로 충분하다.
그리고 지금은 그 누구보다
당신이 조금 더 중요하다.

초보 부모
적응하기

05

스포주의!
아기는 파트너와의 관계에
좋지 않다

아들이 생후 3개월이 채 되지 않았을 때 나는 남편을 떠나기로 결심했다. 아들이 요람에 누워 있는 동안 나는 그 옆에서 분노의 인터넷 검색을 하고 있었다. 아들은 울고 있었다. 사실은 악을 쓰고 있었다. 자신의 가정이 붕괴 직전이기 때문이 아니었다. 단지 아기들이 때때로 하는 일이 바로 그것이기 때문이었다. 젖도 먹었고, 기저귀도 뽀송뽀송했고, 거의 두 시간을 내 품에 안겨 잠도 잤건만, 아기는 빽빽 소리를 질렀다.

아들은 결국 소리 지르기를 멈췄지만, 나는 인터넷 검색을 멈추지 않았다. 아파트 전세, 이혼 전문 변호사, 이혼했을 경우 캘리포니아 주법에 따른 부부재산 분할에 대해 알아봤다. 사실 나는 지치고 제정신이 아니었다. 맥락도 없이 다소 마구잡이로 검색을 했다. 호들갑을 떨거나 내 감정을 과장해서 말하는 것이 아니다. 나는 할 만큼 했고 그만두고 싶었다.

우리의 결혼 생활은 모든 것 때문에 파탄에 이르고 있었다. 동시에 아무 이유도 없었다. 아기가 태어나고 나서 몇 차례 대판 싸운 경우에서

처럼 모든 것이 이유가 되었다. 서로 의논을 해야 할 때면 우리는 0단계부터 9단계까지는 건너뛰고 곧장 10단계에서 대화를 시작했다. 저녁 메뉴 고르기처럼 간단한 대화도 기싸움이 너무 치열해서 어떤 대화를 시작하든 복싱 시합의 새로운 라운드가 펼쳐지는 기분이 들었다.

동시에 아무 이유도 없이 무너지고 있었다. 때로는 말싸움도 없었고 내가 트집 잡을 만한 문젯거리도 없었지만, 모든 것이 삐걱거리는 느낌이었다. 남편이 낯선 사람처럼 느껴지기 시작했다. 우리는 함께 웃지 않았다. 아들 이야기만 같이 할 뿐이었다. 그리고 나는 아들과 같이 있는 것도 즐겁지 않음을 깨달았다.

남편이 회사에서 별일 없는지 전화를 하면 우리는 전화로 또 한바탕했다. 너무 사소해서 무슨 일이었는지 기억조차 나지 않는다. 남편에게 퇴근하는 길에 아기 물티슈를 사오라고 했거나 남편이 그날 피곤하다고 말했을 수도 있다. 그 시점에서 우리는 사사건건 꼬투리를 잡았기 때문에 그것은 중요하지 않았다.

마침내 할 만큼 했다는 느낌이 든 순간이었다. 모두에게 최선은 이런 상황을 정리하고 공동으로 양육을 분담하는 사이좋은 부모로서 우리가 할 수 있는 충분한 선의를 지키는 것이었다. 하지만 지금까지의 상황을 봤을 때, 그럴 가능성조차 희박해 보였다.

그 당시 나는 우리 부부만 그런 게 아니었다는 사실을 알지 못했다. 신생아는 어떤 관계든 정도의 차이만 있을 뿐 경색시킬 수 있거나 경색시킬 것이다. 두 사람이 얼마나 오래된 관계인지 혹은 갈등이나 다툼이 거의 없었는지는 중요하지 않다. 일단 부모가 되면 모든 것이 바뀔 것이다.

미국 빙햄튼 대학교의 심리학과 교수이자 《친밀한 관계의 위대한 신화: 데이트, 섹스 그리고 결혼Great Myths of Intimate Relationships: Dating, Sex, and Marriage》의 저자 매튜 D. 존슨Matthew D. Johnson 박사는 이렇게 말한다. "약 30년 동안 전문가들은 자녀를 갖는 것이 결혼 생활에 미치는 영향에 대해 연구해 왔는데, 그 결과가 결정적입니다. 자녀가 생기면 배우자 간의 관계에 어려움이 발생한다는 것입니다. 자녀가 있는 부부와 자녀가 없는 부부를 비교해 본 결과, 자녀가 없는 부부보다 자녀가 있는 부부의 관계 만족도가 두 배 가까이 급격하게 감소하는 것으로 나타났습니다. 계획되지 않은 임신의 경우, 부부 관계에서 더 큰 부정적인 영향을 경험합니다."

이런 일이 벌어지는 구체적인 이유는 한 가지가 아니지만, 대부분 의사소통이 원인이다. 정확히 말하면 의사소통의 부족 때문이다. 대다수 사람들은 파트너와 어떻게 협력할 것인지 구체적인 계획을 가지고 부모 역할을 시작하지 않는다. 육아나 산후조리 방법에 대해서는 배우지만, 그 나머지는 저절로 해결될 거라고 짐작할 뿐이다. 누가 어떤 일을 맡을 것인지 등의 문제를 두고 사전에 대화를 하지는 않는다. 이러면 부모 중 한 명은 대부분의 일을 상대방의 도움 없이 자기 혼자서 한다고 생각하게 된다. 하지만 우리에게 필요한 것을 직접 요구하지 않으면 파트너는 무엇을 해야 할지 알지 못하고 상황은 악화된다. 느닷없이 서로에게 비현실적인 기대감을 줄줄이 품었다가 그런 기대감이 충족되지 않으면 분노와 원망만 커질 뿐이다.

상황이 내리막으로 치달아 영원히 그 상태로 유지된다는 말은 아니다. 처음 부모가 되어 겪는 충격을 넘어 적응하는 단계를 지나면 상황이 안정되기 시작할 수도 있다. 나를 포함해서 많은 엄마들이 지적했듯이, 여러 문제가 어느 날 갑자기 마법처럼 사라지지는 않지만 그렇다고 파트너와 다시 교감하고 함께 관계를 발전시킬 수 없다는 의미는 아니다. 물론 그렇게 되려면 상당한 노력을 기울여야 한다.

초보 엄마 경험담
레이첼 T.

아기가 생기기 전 우리는 상대방에게 필요한 것을 (대부분의 경우) 알고 있었지만, 이제는 모든 것이 달라졌다. 나는 아내가 도와줄 일을 하지 않거나 무엇을 해야 할지 즉시 파악하지 못하면 너무 화가 났고, 결국에는 짜증을 내고는 그냥 내가 해버렸다. 예를 들면 아내가 젖병을 세척하는 방식이 마음에 들지 않을 때 내가 원하는 방식을 보여주거나 아예 내버려두는 대신 그냥 내가 하는 것이다. 아내는 자신도 도울 수 있다는 것을 백만 번 상기시켰고 나는 그 말을 알아들었지만, 아내에게 기회를 거의 주지 않았다. 그도 그럴 것이 아내는 완벽하지 않았다. 그녀는 숙면을 취하기 위해 주말이면 지하실에서 잠을 자곤 했는데, 그렇게 되면 모든 것을 내가 도맡아 해야 한다는 점을 고려하지 않았다. 아기를 돌보기 위해 한밤중에 일어나는 사람은 나였지만, 어쨌든 아내가 옆에 있어 외롭지 않았다. 그리고 아내에게 이런 이야기를 하기까지 오랜 시간이 걸렸다.

흥미롭게도 많은 사람이 우리는 여성이 둘이니 이 낯선 육아의 함정을 피할 수 있을 거라고 생각했지만, 갓난아기로 인한 관계의 어려움은 일반적이라는 사실이 드러났을 뿐이다. 이런 상황이 발생할 것을 미리 준비하고 소통해야 한다.

돌이켜보면 아들의 출생을 준비하는 부부로서 남편과 내가 잘못한 일은 없는 것 같다. 우리는 아무것도 하지 않았을 뿐이다. 의사소통을 해야 한다는 것을 깨닫지 못했고, 아이가 있는 지인들 중 누구도 그 중요성을 강조하지 않았다. 이런 일이 벌어질 수 있고, 특히나 아주 흔한 일이라는 사실을 알지 못했기 때문에 상황이 더욱 악화되었다. 나는 우리 결혼 생활에만 국한된 문제라고 생각했다.

남편과 나는 온갖 유아용품을 준비했고, 유아 심폐소생술을 배워 지적으로도 대비를 했다. 하지만 우리는 부모가 되는 일에 어떻게 '함께' 대처할 것인지에 대해서는 아무런 준비를 하지 않았다. 아기가 태어나기 전뿐만 아니라 임신하기 전에도 파트너와 육아 분담의 필요성을 함께 논의할 필요가 있다. 지나친 생각처럼 보일 수 있지만, 장담컨대 양육의 부담을 함께 지고 있는 상대방에게 육아를 도울 의향이 없음을 한밤중에, 그것도 엄마가 되고 겨우 2주 만에 깨닫고 싶은 사람은 아무도 없을 것이다.

부모가 되기 위한 준비를 함에 있어 언급을 피해야 하는 이야깃거리는 없다. 아기를 집에 데려오기 전에 모든 이야기를 터놓고 하자. 심지어 이래라저래라 참견하는 시어머니에 대한 불편한 이야기도 꺼내자. 초보 부모라는 참호에 들어가기 전에 상의해야 하는 문제들을 광범위하게 정리해 놓았다(268쪽 참고). 미리 서로 의견을 맞춰 조정해 놓으면 나중에 숱한 혼란, 싸움, 원망에서 벗어날 수 있을 것이다.

단, 우리 부부가 매일 매 순간 비참했던 것은 아니다. 이 점을 명확히 짚고 넘어가려는 이유는 누군가 '결혼 생활이 끔찍했네. 우리는 강한 커플이니까 그런 일은 일어나지 않을 거야'라는 생각을 하고는 이 책의 모든 내용을 무시하는 모습을 상상하지 않을 수 없기 때문이다. 우리 역시 스스로를 강한 커플이라고 생각했다. 그때는 우리도 그랬다. 그것이 바로 내가 하려는 말이다. 아기를 갖는 것은 모든 관계를 시험에 들게 한다는 것이다. 이것을 읽고 '다른 사람들'이 겪는 문제일 뿐이라고 치부하지 말자. 나도 임신 중에 읽었더라면 분명 그렇게 했을 테지만 말이다.

내 경우에 의사소통 단절은 병원에서부터 시작되었다. 남편도 나와 마찬가지로 지쳤지만, 나에 비해 남편은 자신의 욕구와 감정을 우선적으로 생각하는 것 같았다. 나는 제왕절개 수술을 한 까닭에 젖을 먹여야 할 때 요람에 있는 아들을 안아 올릴 수 없었고, 누군가 아들을 나에게 건네주어야 했다. 남편은 이 임무를 자주 수행했지만, 잠든 남편이 깨지 않는 바람에 간호사를 호출할 수밖에 없던 적도 몇 번 있었다. 나중에 남편이 말하길, 내 말을 들었지만 내가 깨우는 걸 포기하고 간호사에게 도움을 요청하겠거니 싶었단다. 나는 화가 머리끝까지 났다. 나는 우리 아기를 세상에 나오게 하려고 배를 가르기까지 했고, 가슴이 터질 듯하고 너무 아프지만 아기에게 젖을 먹이려고 하는데, 남편은 자다 일어나 나를 도와주는 것도 못 한다는 말인가? 더구나 남편은 낮에 집에 가서 낮잠을 자기도 했다. 나는 제왕절개 수술에서 회복하는 와중에 적어도 두 시간마다 모유 수유를 하는데, 남편은 가능한 잠을 많이 자려고 노력할 뿐이었다.

그 이후로 우리 부부는 피로에 찌들지 않고 맑은 정신 상태에서 상의를 해왔다. 몇 년이 지난 지금 내가 아는 바에 따르면 남편이 초반에 되도록 잠을 많이 자려고 했던 이유는 퇴원해서 집에 가면 모든 일을 우리 스스로 해야 한다는 것을 알았기 때문이다. 남편은 우리가 퇴원했을 때 더 일사분란하게 나를 도울 수 있을 거라 생각해 병원에 있는 동안만큼은 도움을 이용하고 잠을 자고 싶었다는 것이다. 사실 좋은 계획이었다. 나에게 한 번도 말하지 않았다는 것이 서운할 뿐이다. 그리고 나 역시 한 번도 묻지 않았다.

초기의 의사소통 오류는 결코 해소되지 않았다. 남편의 의도를 내 마음대로 추측해서 속에 담아둔 탓에 내 분노는 점점 쌓여갔다. 나는 남편에게 짜증이 났고, 남편은 이를 감지했지만 그 이유를 알지 못한 채 내가 타당한 이유 없이 화를 낸다고 생각했다. 너무 어이없어 보이지만, 쉽게 해결될 수도 있는 일이었다. 나는 막연히 우리가 며칠 안에 일상의 리듬을 찾을 것이고, 병원에 있을 때부터 시작된 우리 둘 사이의 불화는 일시적인 것이라고 생각했다. 내 생각은 틀렸다.

그렇게 고립되고 가슴 아픈 상황이 아니었다면 우리가 사사건건 정반대의 생각을 가지고 있었다는 것이 코미디나 다름없었을 것이다. 내가 원했던 것은 A인데 남편은 죽어라고 Z에 몰두했던 셈이다. 게다가 이런 것은 의논의 대상이 아니었고, 남편 입장에서는 사생결단으로 지켜야 하는 중대한 문제였다. 그렇다고 내가 더 융통성이 있는 것도 아니었다. 우리가 찾을 수 있는 중간 지점이란 없었다.

게다가 당시에는 미처 깨닫지 못했지만, 나는 산후 우울증의 고통 속으로 서서히 빠져들고 있어서 내 뇌 안팎에서 벌어지는 모든 일에 무뎌졌다.

이쯤이면 우리 부부가 어떻게 함께 지낼 수 있었는지 궁금할지 모르겠다. 어느 날 우리 두 사람이 나란히 앉아 차분히 우리의 고민을 해결했다는 식으로 말할 수 있었으면 좋겠지만, 그렇지 않았다. 우리는 정말 대판 싸웠다. 내가 분노의 인터넷 검색을 했던 바로 그날이었다.

마침내 올 것이 왔다. 우리는 거의 두 시간을 그렇게 있으면서 때로는 소리를 지르다가 종종 울부짖었다. 우리는 서로 상대방에게 비난을 받았다고 느꼈던 지난 몇 달간의 이야기를 나누었지만, 우리가 했던 모든 이야기의 요점은 언제나 같았다. 나는 남편이 늘 화가 나서는 내가 하는 모든 행동을 평가한다고 생각했고, 남편은 내가 남편을 밀어내며 모든 것을 혼자서 하려는 것 같다고 말했다.

그렇지만 우리는 끝내 치유의 궤도에 올라섰다.

우리의 관계가 완전히 정상 궤도로 돌아오는 데는 시간이 좀 걸렸지만, 우리는 해냈다. 마침내 서로에게 마음을 터놓았을 때, 우리가 실제로는 사사건건 정반대 입장이 아니라는 것을 알게 되었다. 오히려 우리는 나쁜 상황을 더 악화시키고 싶지 않아서 감정을 삭인, 겁먹고 지친 초짜 부모에 지나지 않았다.

모든 이야기에는 양면이 있는 법이다. 다음은 우리가 했던 가장 신랄한 말다툼 중 일부를 분석한 것이다.

| 문제 1 |

나는 남편이 항상 나에게 화가 났다고 생각했다.

아내 입장 우리가 이야기할 때마다 남편은 평소와 달리 말수가 적었다.

남편 입장 아들을 제대로 안지 못하거나 잘못해서 다치게 할까 봐 겁이 났다. 아버지로서 나의 행동 하나하나를 아내가 평가한다고 생각했다. 게다가 지쳐서 입을 다물었을 뿐이다.

| 문제 2 |

남편은 내가 아기와 함께 무엇이든 하면 주위를 맴돌았지만, 자신이 아기와 같이 있을 때는 내가 가까이 있는 것을 좋아하지 않았다.

아내 입장 남편은 나를 믿지 않고 내가 나쁜 엄마라고 생각했다. 속상하고 화가 났다.

남편 입장 스스로도 왜 그랬는지 전혀 모르겠지만, 소위 '타고난 본능'에 약간의 질투심을 느꼈던 것 같다. 또 아내의 행동을 지켜보며 배우고 싶었지만, 막상 기저귀를 갈거나 아기와 함께 할 때면 현타가 왔다. 아내가 말없이 나의 능력을 평가하고 나의 일처리 방식에 짜증을 낼 것이 걱정돼 아내가 없는 데서 연습을 더 하고 싶었을 뿐이다.

| 문제 3 |

나는 사람들이 아기를 보러 우리 집에 오는 것이 불편했다.

아내 입장 나는 분명 우리 아들이 호흡기 세포융합 바이러스(RSV, respiratory syncytial virus, 신생아에게 감기와 유사한 증상이나 때로 폐렴을 유발할 수 있는 치명적인 바이러스 감염)에 걸릴 거라는 생각이 들어 방문객이라면 공황 발작을 일으키기 시작했다.

남편 입장 아내는 공황 발작의 정도나 발작을 유발하는 구체적인 두려움에 대해 전혀 설명하지 않았다. 그 이유에 대한 제대로 된 설명도 없이 "아기 주위에 사람들이 있는 게 무서워."라는 말만 했을 뿐이다. 아내가 사람들, 특히 우리 가족을 멀리한다는 기분이 들었다.

| 문제 4 |

매일 남편은 모르는 사람들로부터 쓸데없는 조언을 잔뜩 받아서 돌아오는데, 나는 너무 화가 났다.

아내 입장 남편의 그런 행동은 내가 엄마 역할을 형편없이 하고 있음을 알려주는 것 같았다. 만약 내가 '제대로' 했다면 분명 외부의 조언은 필요하지 않았을 것이다. 왜 남편은 나보다 다른 사람들, 심지어 전혀 알지도 못하는 사람들을 믿는 걸까? 소위 조언이랍시고 하는 모든 말들이 불난 집에 부채질도 모자라 기름을 붓는 것 같았다.

남편 입장 사람들은 좋은 의도로 도움을 주고 싶었을 뿐이라고 생각했다. 상황이 완벽하게 돌아가지 않는 것이 분명한데, 조언을 듣고 시도해보는 것이 나쁜 일인가? 게다가 조언이 마음에 들지 않으면 그냥 철저히 묵살하거나 마음에 드는 부분만 받아들이고 나머지는 무시할 수도 있다.

| 문제 5 |

내 몸이 산산이 부서지는 것 같았다. 하지만 내가 그런 말을 하거나 출산 후 낯선 내 모습에 대한 불안이나 두려움을 표현해도 남편은 내 걱정을 무시하는 듯 보였다.

아내 입장 남편은 내 감정에 관심이 없었다. 나는 괴롭고, 회복 속도는 더디고, 마치 다른 사람의 몸에 들어가 사는 것 같았다. 울음을 멈출 수 없었다. 그저 남편이 내 두려움에 귀를 기울이고 인정해주길 바랐다. 오히려 남편은 내가 호들갑을 떤다고 말했다.

남편 입장 아내가 감정을 쏟아내도록 두었어야 한다는 데는 동의한다. 하지만 우리를 둘러싼 상황 전체가 위태로워 보였다. 이 상황에서 버티는 것이야말로 나의 몫이라고 생각했다. 아내가 아프고 힘겨워 보였지만, 그런 감정에 완전히 굴복하도록 부추겼다가 상황이 더욱 악화될 것이 염려되었다. 아내가 침대로 기어 들어가 다시는 나오지 않는 모습을 상상했다. 아내의 걱정을 무시한 것이 아니라 아내가 이 상황을 견딜 수 있도록 무던히 애썼고, 어떻게든 아내가 기운을 차리도록 해서 상황을 '해결'하려고 했을 뿐이다.

전문가 조언

의사소통에서는 각자 말하는 내용뿐 아니라 각자 듣고 있는 내용도 중요합니다. 흔히 누군가 무슨 말을 하면 상대방이 엉뚱하게 받아들이고는 있지도 않은 의미를 추측할 때가 있는데, 이는 말한 내용 때문이 아니라 듣는 사람의 경험 때문입니다. 이런 사실을 알고 자신의 근본적인 신념 체계, 즉 자기 자신에 대해 어떻게 생각하는지를 살펴보면 그렇게 하는 이유를 알 수 있을 겁니다.

이 기간 동안 파트너와의 관계를 하룻밤 사이에 바로잡을 전략은 없습니다. 다만 시간이 걸릴 뿐이지요. 한편으로는 현실을 직시하는 기회가 될 수 있습니다. 출산과 육아가 당신과 파트너에게 어떤 식으로 영향을 미치는지 서로 이야기를 나누고, 두 사람의 관계를 최우선으로 삼기 위해 노력하세요. 데이트하는 밤을 정하면 관계 개선에 도움이 될 수 있습니다. 외출할 수 없다면 메모를 활용해 긍정과 확신의 말투로 파트너에 대한 자신의 생각을 알려주세요. 또는 아기를 유아차에 태우고 함께 산책하거나 아기가 잠들었을 때 두 사람이 진솔하게 이야기를 하며 감정을 나눠보세요. 서로를 위해 시간을 내는 것은 이 문제를 해결하는 데 큰 도움이 될 거예요.

●모건 프랜시스, 임상 심리학자·전문 상담치료사

solution

아기를 돌보는 것부터 집안 청소를 하는 방법까지, 파트너가 당연히 나와 같은 생각을 할 거라고 짐작하겠지만 결코 그렇지 않을 겁니다. 작은 균열이 있다면 점점 더 커질 뿐이에요. 가능한 모든 것에 대해 의견을 맞춥시다. 서로 동의했다고 넘겨짚지 말고 이야기하세요. 다음 사항들을 암기하거나 출력해 당신 또는 파트너의 이마에 붙여 놓고 서로 이야기할 때마다 상기합시다.

1
—
당신과 파트너 둘 다 지쳤고, 이것은 두 사람이 생각하는 것보다 더 큰 문제입니다

수면 부족은 단지 피곤하다는 의미가 아닙니다. 실제로 정신적으로나 육체적으로 당신에게 영향을 미칠 거예요. 면역력을 약화시키고, 당뇨병, 고혈압, 심장질환의 위험성을 높이고, 과식을 유발하고, 성욕을 꺾어버리고, 더 쉽게 쓰러질 수 있습니다. 이 모든 것을 차치하고라도 정신적 영향이야말로 파트너와의 관계에 큰 혼란을 가져옵니다. 기분이 변하면서 아마도 짜증이 나거나 감정이 격해지거나 성미가 급해지거나 심지어 불안하거나 우울해지기까지 합니다. 집중력, 단기 기억력, 문제 해결 능력이 평소 기준에 미치지 못할 수도 있어요. 부모라는 새로운 역할이 두 사람 모두에게 영향을 미칠 수 있다는 것을 인정해야 합니다.

2
—
당신과 파트너 모두 아무런 사용 설명서 없이 작은 아기를 건네받고, 사전 경험 없이 아기를 살리라는 요구를 받은 셈입니다

당신이 베이비시터나 유모였든, 소아과 의료 종사자였든, 혹은 15형제 중 첫째였든 상관이 없습니다. '당신의' 아기를 안는 것은 이제껏 경험했던 것과는 전혀 다른 일일 거예요. 그리고 아무리 준비되어 있더라도, 무력한 신생아의 삶을 온전히 책임져야 한다는 부담감이 자리 잡기 시작하면 막연한 두려움이 들 겁니다. 당신과 파트너 모두 그런 기분이 들고, 때로는 육아에 모든 에너지를 빼앗길 수도 있습니다. 명심하세요.

3 당신에게는 타고난 본능이 있지만, 파트너는 그렇지 않을 수 있습니다

소위 '모성 본능'이라는 것을 저는 전혀 감지하지 못했지만, 남편은 제가 그 자리에 있는 것만으로도 아들을 달래주는 것 같다고 말하더군요. 반면에 자신은 온갖 방법을 다 써봐야 간신히 통하는 한 가지를 찾을 수 있다고요. 저에게 그런 능력이 있다는 것을 다행스럽게 여기면서도 질투를 하더라고요. 그러면서 남편 스스로 자신의 능력을 더욱 의심하게 되었죠. 남편은 저의 교감 능력을 선천적이고 직관적이라고 봤습니다.

4 최대한 많이 준비할 수는 있지만, 충분하다는 기분은 들지 않을 겁니다

우리 부부는 육아 관련 강좌도 듣고 책도 읽었습니다. 부모가 되는 것이 현장 직무 교육 문제가 되어서는 안 되지만, 실상은 그렇지 않습니다. 모든 강좌를 듣고, 아기 인형에게 기저귀를 채우는 연습을 하고, 포대기로 아기 감싸기 전공까지 이수하면 석사 학위를 딸 수 있지만, 실제로 집에 아기와 단둘이 있게 되면 충분히 준비했다는 기분이 들지 않을 거예요. 그러면 불안감이 급격히 올라갈 수 있습니다. 서로에게 관대해지고, 육아 기술을 연마할 시간을 갖도록 하세요.

5 당신과 파트너의 의견이 같아야 하고, 그 상태가 계속 유지되어야 합니다

당신과 파트너가 함께 움직이고 있다고 느끼는 것이 중요합니다. 그렇지 않으면 상황이 걷잡을 수 없이 악화되고 마치 서로 대립하는 것처럼 보일 수 있습니다. 저는 3킬로그램 남짓한 아기가 우리 부부의 관계를 이렇게 틀어지게 할 수 있을 거라고는 전혀 짐작도 하지 못했어요. 수면 부족, 감정 변화, 종잡을 수 없는 호르몬 변화까지 모두 합쳐지면 남편과의 대화는 십중팔구 의견 충돌로 바뀌었습니다. 육아에 관한 모든 것은 아기가 태어나기 전 두 사람의 정신이 멀쩡하고 침착한 상태일 때 의논해야 합니다. 그리고 두 사람이 함께 계획을 지켜야 해요. 아기가 태어나기 전에 파트너와 상의해야 하는 문제(268쪽)를 참고하세요.

6 당신과 파트너 둘 다 모든 문제를 해결하고 싶지만 그 방법에 대해서는 의견이 다를 수 있습니다

모든 부모는 절망의 지점에 도달합니다. 잠을 못 자게 하는 문제를 두고 빠른 해결책을 찾는 데만 너무 몰두한 나머지 마법 같은 방법을 찾기 시작할 때이죠. 사람마다 다른 대답을 할 거예요. 왜냐하면 아기는 모두 다르고 인생에서 어떤 문제에나 적용할 수 있는 '만능' 해결책은 거의 없으니까요. 저는 찾을 수 있는 방법은 무엇이든 해보고 싶었지만, 남편은 좀 더 자제하는 편이었습니다. 그때로 다시 돌아간다면, 카테고리별로 어느 정도 비용을 지출할 것인지, 소위 묘약이 효과를 발휘하기까지 어느 정도 두고 본 뒤 다음 단계로 넘어갈 것인지 등 몇 가지 쇼핑 지침을 미리 정해둘 거예요.

7 서로를 인정해야 합니다

부모가 된다는 것은 트로피나 상을 받는 일이 아닙니다. 하지만 다른 모든 일과 마찬가지로 잘했을 때 인정을 받는 것은 좋을 수밖에 없죠. 우리는 모든 이야기를 나눈 후에 상대방에게 좋은 말이나 칭찬을 건네려고 노력했습니다. 거창하고 과장된 선언 같은 것이 아니라 현실적인 것이었어요. "오, 트림빨리 시켰네. 잘했어!" "재워줘서 고마워. 아치가 1분만 더 소리를 질렀다면 포크로 내 고막을 찔렀을지 몰라!" 서로의 자신감을 북돋으며 우리는 더 많이 웃기 시작했습니다. 얼마 후에는 더 이상 의식적으로 생각할 필요 없이 그냥 자연스럽게 말이 나왔습니다. 지금도 여전히 그렇고요.

8 혼자서 해야 할 시간은 많으니 도움의 손길이 있으면 받아들이세요

남편은 자신의 육아 역량을 가능한 빨리 완벽하게 키우겠다는 생각이었습니다. 우리가 도움을 많이 받거나 서로에게 휴식 시간을 주는 것을 원하지 않았죠. 모든 일을 우리 스스로 해야 하고 되도록 빨리 모든 일에 능숙해져야 한다고 생각했습니다. 물론 우리는 집중하고 적극적이어야 했고, 우리가 했던 일을 배워야 했습니다. 그러나 육아는 시합이 아니에요. 모든 것을 우리 스스로 하는 것은 우리를 육아 전문가가 아니라 더 지치게 만들 뿐입니다.

9 파트너와의 관계가 힘든 것은 특별히 당신만 그런 것도 아니고 영원히 지속되지도 않습니다

그 누구도 아기가 태어난 뒤 파트너와의 관계가 너무 나빠져서 이혼하고 싶다는 생각이 들었다는 말을 하지 않았습니다. 저는 나만 그렇다고, 우리 부부만 그렇다고 생각했어요. 마찬가지로 당신만 파트너와의 관계에서 긴장감을 느끼는 것이 아닙니다. 화를 내고 원망해도 괜찮고, 상처받고 심지어 울어도 괜찮아요. 왜냐하면 이 엄청난 변화에는 적응이 필요하고, 새로운 가족 구성원을 위한 자리를 마련하는 데는 성장통이 따르는 법이니까요.

10 다시 한.번 말하지만, 자신의 위치를 잊지 마세요

우리 각자는 출산 후 초기에 자신의 위치를 알아야 합니다. 당신의 위치가 파트너의 위치보다 더 높을 겁니다. 그렇다고 해서 당신은 제단 위에 앉아 있고 파트너에게 포도 껍질을 까도록 시켜야 한다는 의미는 아니에요. 결코 그렇지 않습니다. 하지만 당신은 이제 막 출산을 했습니다. 몸은 회복 중이고, 호르몬은 널을 뛰고, 모유 수유 여부와는 상관없이 가슴은 욱신거리죠. 당신은 추가로 도움을 받을 자격이 있고 자신의 욕구를 우선적으로 생각해야 합니다. 그렇다고 파트너를 헌신짝처럼 외면해야 한다는 의미는 아니에요. 파트너 역시 중요합니다. 다만 지금은 당신이 조금 더 중요할 뿐이에요. 그리고 두 사람 모두 그 사실을 알아야 합니다.

수면
우선주의

06

꼴딱 지새우는 밤
젖꼭지는 따갑고

나는 아들의 기저귀에 볼일을 봤고, 바지에도 실례를 했다. 아들 방의 바닥을 포복 훈련하듯 기어 나갔다. 두 시간 내내 단 한 번도 멈추지 않고 서성거렸다. 아들의 침대 옆 바닥에서 잤다. 마트 주차장에 세워둔 차 안에 너무 오래 앉아 있던 나머지 차를 빼지 않으면 견인될 수 있다는 경비원의 말을 들었다. 남편과 함께 차를 몰고 새벽 2시에서 5시 사이에 금문교를 왕복하며 시간을 보낸 적도 있었다(몇 주 후에 청구서가 날아오기 전까지 통행료에 대해서는 까맣게 잊어버린 채로).

이것은 잠자는 아기를 깨우지 않기 위해 내가 했던 일들 가운데 일부에 불과하다. 나는 아들이 잠에서 깨지 않도록 억지로 잠을 이겨가며, 이러한 행위를 하며 셀 수 없이 많은 시간을 보냈다. 그렇지 않으면 다른 누구에게도 휴식의 기회 같은 것은 없었을 것이다.

"진이 빠진다."라는 말을 들어봤을 것이다. 그런데 이 말은 실제 무슨 뜻일까? 누구에게나 한두 번쯤은 그런 경험이 있다. 시험공부를 하거나 업무 발표를 준비하며 밤을 새운 적이 있다거나 새벽 비행기를 타기 위해 터무니없는 시간에 공항에 갔던 적 말이다. 아니면 다음 날 아침 아주 일찍 일어나야 할 때 그냥 밤늦게까지 집에 들어가지 않는 사람들도 많다. 이럴 때 당연히 피곤하고, 진이 다 빠진다. 신생아가 있을 때도 이런 기분일까?

답은 '아니오'이다. 어림도 없다. 그런 경우에는 카페인 섭취량을 늘려서 그날 하루를 버티고는 가능한 빨리 침대에 들어가 오래도록 잘 수 있었을 것이다. 회복하는 데 하루 남짓 걸렸더라도, 이내 푹 쉬고 나면 평소 모습으로 돌아간 느낌이 들 테다. 신생아가 있으면 다시 사람 같이 사는 기분이 들기까지 몇 개월, 어쩌면 1년(혹은 그 이상)까지 걸릴 수 있다.

내가 아들을 출산하고 몇 개월 뒤 자신의 임신 사실을 알게 된 친구는 나에게 수면 부족 문제에 대해 솔직하게 말해 달라고 했다. 나는 엄마가 되는 것에 대해 지금처럼 있는 그대로 말하기 전이어서 사실대로 말하는 것을 주저했다. 친구는 끈질기게 물었고, 결국 나는 내 심정을 설명하는 이메일을 보냈다. 그 내용은 이랬다.

—

원한다면 어느 정도 준비를 해보는 것도 나쁘지 않을 것 같아. 밤새우는 것부터 시작해 봐. 한두 번 정도에서 그치지 말고. 잠을 자지 않고 며칠 밤을 버티는 것은 누구나 할 수 있으니까. 냉장고 문을 여는 법을 잊을 정도로 정말 기진맥진할 때까지 일주일 정도 밤을 꼬박 새우는 거야. 그런 다음 45분 뒤에 알람이 울리게 해놓고 잠을 자러 가. 비명소리 같은 알람이면 더 좋아. 알람이 울리면 일어나서 비명을 지르는 알람을 흔들어 잠을 재워 봐. 알람에 3킬로그램에서 9킬로그램 정도 무게를 추가하면 더 실제와 같을 거야. 가능하면 몸부림치고 네 얼굴을 할퀴는 대상(너무 피곤한 나머지 손톱 잘라주는 것을 잊어버린 거지)을 찾아 봐. 알람을 재우면 너도 다시 잠자리에 들 수 있어. 45분 동안만. 그러고 나서 잠에서 깨면 진공청소기 호스를 젖꼭지에 5시간 동안 붙이고 있어(미리 사포로 젖꼭지를 긁어 놓으면 추가 보너스 포인트가 있어). 이건 집중 수유라고 하는 건데, 새로운 강적이라고 할 수 있지. 그 일이 끝나고 나면 일어나 하루를 시작할 시간이야. 축하해. 초보 엄마의 수면 부족 1일 차를 이겨낸 거야.

—

수면 부족보다는 부작용이 덜한 약을 보면 중장비를 운행하거나 차를 운전하지 말라는 경고 문구가 붙어 있다. 그런데 잠을 거의 혹은 전혀 자지 못한 상태에서 아기를 살려야 한다는 책임을 지고 있는 상황이라면? 이에 대한 경고 문구는 전혀 없다.

내 아들은 요람이나 아기 침대에 전혀 관심이 없었다. 누군가의 품이나 차 안, 유아차 안, 아기 띠 안 혹은 소아과 진료를 받는 동안 검사대 위 같은 데서 잤다. 그냥 아무데서나 자게 놔뒀어야 했는데, 그러지 못했다. 아니, 그러고 싶었지만 거의 모든 사람에게 이 이야기를 했더니 요청하지도 않은 조언이 쏟아져 들어왔다. 사람들은 다른 사람의 아기가 어떻게 자는지에 관해 확고한 신념을 가지고 있고, 아기 침대나 요람이 아닌 다른 곳에서 몇 분 이상 자면 아기의 버릇이 나빠진다는 말을 해주려 한다.

아기가 태어나자마자 나쁜 버릇이 생길까 봐 걱정하는 부모들이 많습니다. 그런데 생후 2개월까지는 나쁜 수면 습관이 생길까 걱정하지 않아도 됩니다. 이 단계에서 아기는 아직 일정을 따를 준비는 되어 있지 않지만, 앞으로 도움이 될 건강한 수면 습관을 들이기 시작하면 좋아요. 먼저 매일 밤 같은 취침 루틴을 따르는 것부터 시작해보세요. 예를 들어, 목욕시키고 수유한 다음 재우기 전에 책을 읽어주는 겁니다. 아기를 뉘었을 때 잠들지 않더라도 걱정하지 마세요. 아기에게 루틴이 될 분위기를 조성하는 것뿐이니까요. 수면에 대해 일관된 일정을 유지하는 것이 중요합니다.

또한 생후 6주가 지나면 아기 스스로 밤낮을 구분하게 되지만, 엄마가 명확하게 구분하는 것도 좋습니다. 예를 들어 낮에 아기가 깨어 있을 때는 활동적이고 활기차게 지내거나 집을 밝게 해놓거나 라디오를 켜놓는 거예요. 그리고 밤에 아기가 깨어 있는 시간은 더 편안하고 은은한 분위기를 조성하는 겁니다. 조명을 낮추고 목소리를 조용하고 차분하게 내는 것도 도움이 될 거예요.

●커린 에드먼즈, 영유아 수면 전문 컨설턴트

담당 수유 컨설턴트는 한 고객 이야기를 해줬다. 몇 번 아기용 그네에서 자게 두었더니 금세 아기가 그 그네가 아닌 곳에서는 잠을 자려 하지 않는 상황이 되었다고 했다. 실제로 그 고객은 유럽으로 휴가를 떠날 때 문제의 아기용 그네를 가져가면서 항공사에 대형 수하물 수수료로 150달러를 지불했다. 그것도 편도로만.

그리고 한 커플은 아내가 아기와 함께 자야 하는 상황에 굴복했던 탓에 아이가 커서도 절대 혼자 잠을 자려 하지 않아서 결국 이혼했다. 남편은 손님방에서 지낼 수밖에 없었고, 두 사람의 결혼 생활은 회복될 수 없었다.

간단히 말하면, 사람들은 당신이 아기가 원하는 대로 재우는 것을 탐탁지 않게 여긴다. 자신들이 최고라고 생각하는 방식으로 재우기를 원한다. 하지만 새벽 3시에 당신 집에 있는 것은 그 사람들이 아니다. 수면 부족의 나날이 그토록 길게 이어지는 동안 직접 당신을 찾아와 대신 아기를 돌봐주겠다고 해야 비로소 그들의 의견은 진정성이 있다.

게다가 문제가 아닌 탓에 고칠 수가 없어서 오히려 괴로운 일들이 있다. 아기의 위는 너무 작아서 자주 먹어야 하기 때문에 물리적으로 밤새 깨지 않고 잘 수 없다는 사실이나 집중 수유가 그렇다. 또는 아주 잘 자는 아기들도 금세 잠에 들지 못하거나 자다가도 중간에 깨는 일이 몇 주 동안 이어지는 수면 퇴행sleep regression도 그렇다. 이러한 문제는 이가 나는 시기, 일과의 변화(아기가 어린이집에 다니기 시작했을 경우), 급격한 성장, 질병 등 아기의 발달에 지장을 초래하는 여러 요인 때문에 발생할 수 있다. 수면 퇴행의 타임라인을 특정하기란 쉽지 않다. 왜냐하면 방해 요소가 사라지는 데 걸리는 시간에 달려 있기 때문이다. 하지만 이 과정을 더 수월하게 지나가기 위해 할 수 있고 알아야 할 것들은 있기 마련이다.

엄마가 되기 위해 터득할 수 있는 기술은 한정적이고, 나머지는 본능적
으로 해결해야 한다. 사람들이 초보 엄마들에게 다른 사람의 말보다는
자신의 본능에 더 귀 기울이라는 이야기를 했으면 좋겠다. 어떤 것들은
처음부터 그냥 무조건 안 된다는 이야기를 들었는데, 아기가 자는 동안
안고 있는 것도 그중 하나였다. "아기 스스로 울음을 그치는 법을 배우지
못할 거야." "넌 잠 한숨 못 잘 거야!" 우리는 아기가 태어난 후 끔찍한 6주
를 보냈다. 이것저것 다 해봤지만, 갓난쟁이 아들은 요람이나 아기 침대
에서 자려고 하지 않았다. 낮이건 밤이건 2시간 이상 잠을 자지 않았다.
모두 다 울고 말았다. 결국 우리는 포기하고 그냥 아들을 안아주기로 했
다. 이게 무슨 영문인지, 아들은 곧바로 잠이 들어버렸다. 나는 아들을 한
시간쯤 안고 있다가 아기 침대에 눕혔고, 아들은 무려 5시간을 그대로 곤
히 잤다. 그렇다. 우리는 직감대로 하지 않고 다른 사람들의 말을 따르느
라 너무 많은 시간을 허비했다. 게다가 아기와 유대감을 쌓는 그 중요한
6주는 우리 중 누구도 되돌릴 수 없을 것이다.

___

사람들은 초보 엄마에게 "아기가 잘 때 자."라는 말을 해준다. 하지
만 나는 잘 수 없었다. 빨래와 설거지를 하거나 이메일과 문자 메시지를
확인하는 등 해야 할 것 같은 다른 일을 했기 때문이다. 앞서 말했듯이,

그 단계에서 벗어난 지 몇 년이 지난 지금 그 시절을 되돌아보면 그런 집 안일이 무엇이었는지, 우리 집 꼴이 어땠는지 기억나지 않는다. 오로지 잠만 자고 싶었기 때문에 얼마나 비참한 기분이었는지 기억날 뿐이다.

세탁한 빨래는 결국 누군가 개서 치우거나 아니면 방치될 것이다. 그런 일은 그다지 중요하지도 않고, 당신의 건강에도 영향을 미치지 않는다. 하지만 수면 부족은 다르다. 당신은 그 어떤 것보다 중요한 존재이기 때문에 스스로를 가장 소중하게 여겨야 한다. 하지만 말처럼 쉽지 않다는 것을 이해한다. 아무리 피곤할지라도 삶은 계속되어야 하니까. 청구서는 납부해야 하고, 반려견은 산책시켜야 하고, 우리는 식사를 해야 한다. 하지만 때로는 낮잠을 자기 위해 이러한 일들 중 하나를 무시해도 좋다. 아무쪼록 아기가 자고 있을 때는 가끔이라도 잠을 자도록 하자.

내 아들은 기껏해야 45분 정도 잤다. 나는 많은 밤을 화들짝 놀라며 잠에서 깨곤 했다. 아들이 내 품 안에 없는 데다 요람에 눕힌 기억이 없으니 암만해도 아들을 바닥에 떨어뜨렸다는 확신이 들었기 때문이다. 다행스럽게도 그런 적은 한 번도 없었다. 항상 요람 안에 안전하게 있는 아들의 모습을 확인했다. 내가 아들을 요람 안에 눕혔는지 아닌지 기억하는 것과는 상관없이 말이다.

어느 날 밤, 옷장 문 위에서 녹색 점들이 어른거리는 모습이 보였다. 호흡을 맞춰 움직이는 듯한 모습에 실제로 넋이 빠질 정도였다. 애니메이션 영화 〈환타지아Fantasia〉를 보고 있다는 생각이 들었다. 나는 몇 분 동안 그렇게 앉아 있었다. 남편에게 어떻게 그 영화를 프로젝터로 틀었는지 물었더니 남편은 내가 마치 헛것을 보고 있다는 듯이 나를 쳐다봤다.

그랬다. 나는 위험할 정도로 과로하고 환각에 빠진 상태였다. 상황 대처 능력을 다 잃어버리고 머릿속에서만 상황을 그리고 있었다. 그럼에도 고작 이런 말밖에 듣지 못했다. "초보 엄마들은 다 그런 기분이 들어. 괜찮아질 거야." 나는 그날을 계속 기다렸지만, 결코 오지 않았다.

환각을 경험하고 며칠 후, 당시 생후 6주였던 아들의 소아과 검진이 있었다. 우리 부부의 수면 부족 문제와 내가 들었던 온갖 조언에 대해 이야기했더니 담당 의사는 이렇게 말했다. "사람들이 하는 말을 전부 무시해도 좋아요." 그리고 아들이 안전하다면 자고 싶은 곳에서 자게 두라면서 생후 5개월이 되었을 때 상담을 시작할 수 있는 수면 전문 컨설턴트의 이름을 알려주었다. 많은 소아과 의사와 수면 코치는 부모가 어떤 수면 방식을 지도하기 전에 아기가 생후 4~6개월 쯤 스스로 울음을 그치고 진정할 수 있을 때까지 기다릴 것을 권장한다.

결국 이 문제도 우리 부부만 겪는 게 아니었다. 타임라인은 정해져 있었다. 초보 엄마로서 겪을 수밖에 없는 이 진 빠지는 단계의 실제 종료 일자가 있었다. 아들의 담당 의사는 나에게 아기가 잠이 들도록 잠시 차를 몰고 돌아다녀야 한다면서도 앞으로 18년 동안은 그럴 일이 없을 거라고 장담했다.

나는 아들의 진료를 마치고 나와 운전을 시작했다. 아들은 차의 움직임을 자장가 삼아 금방 잠이 들었고, 그 조용한 고요함에 이끌려 나는 계속 차를 몰았다. 45분 동안 운전하면서 동네 두 군데를 지났을 무렵 방광에서 신호가 왔고, 나는 결정을 내려야 한다는 것을 깨달았다. 차로를 벗어나 화장실을 찾고 아들을 깨운 다음… 어떻게 하지? 아들을 깨우는 위험을 감수하고 싶지 않았다. 참아볼까? 출산 이후 방광 조절 능력이 사실상 없어졌고, 집까지는 한참 남아서 참는 시도는 생각조차 할 수 없었다. 나는 쇼핑몰 주차장에 들어가 그다지 시선을 끌지 않는 구석 쪽에 주차했다. 아들이 깨지 않도록 시동은 그대로 켜두었다. 기저귀 가방에서 기저귀 몇 장을 빼려니 민망했지만, 어쩔 수 없었다. 다행히 원피스를 입고 있어서 그 다음에 할 일이 훨씬 쉬워졌다.

나는 아들의 기저귀 중 한 장에 소변을 봤다. 실은 세 장이었다. 아기용 기저귀 한 장으로는 성인의 방광을 감당할 수가 없었다. 이 방법은 놀라울 정도로 주효했다. 게다가 기저귀 가방에는 물티슈, 쓰레기봉투, 손소독제 등 실제 필요한 것이 다 있었다. 그 순간 이 모든 것이 엄청난 승리처럼 느껴졌다. 아들은 인생에서 가장 긴 낮잠을 자고 있었고, 나는 여전히 문제 해결 능력이 있었다. 수면 부족 상태를 고려했을 때 과연 해결할 수 있을지 확신이 들지 않던 문제를 해결한 터였다.

분명 사람들이 알면 나를 비웃을 것 같아서 수년 동안 이 사실을 숨겼지만, 마침내 더 이상 신경 쓰지 않고 글로 쓰기로 결정했다. 알고 보니 놀랍게도 엄마들 사이에서는 흔한 일이었다. 자고 있는 아기를 계속 재우려 그랬든, 마땅한 화장실이 없어서 그랬든, 그런 행동이 이해되는 경우도 있는 법이다. 이제 아들은 대소변을 가리지만, 나는 비상시를 대비해 여전히 아기 기저귀를 차에 숨겨 두고 다닌다.

우리가 이후 몇 개월을 버틸 수 있었던 데는 우리의 목표에 집중한 것도 한몫을 했다. 다름 아닌 수면 컨설턴트의 도움이었다. 이제 곧 전문가의 도움을 받을 거라고 생각하면 잠 못 자는 밤이 끝없이 이어지지는 않을 것 같았고 왠지 견디기가 수월해졌다. 또한 우리는 '어떻게 해서라도' 잠을 재우는 수면 방법을 택했다. 안전하기만 하면 아들이 어디서 어떻게 잠이 들었든 개의치 않았다. 나는 아들이 아기용 그네에서 잠이 들어도 당황하지 않았다. 바닥에 쿠션으로 간이침대를 만들고는 아들 옆에서 잤다. 아들이 차에서 잠들었을 때는 카시트에서 내려놓지 않는 한 문제될 것이 전혀 없었다. 나는 운전만 하면 그만이었다. 아들의 건강을 해치지도 않았다. 그리고 수면 훈련을 시작하자 아들은 마침내 아기 침대에서 자기 시작했다.

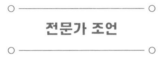

전문가 조언

아기에게 정식으로 수면 지도와 훈련을 시작하기 전에 먼저 수면 저축sleep banking(자신에게 적절한 수면 시간보다 평소에 조금 더 길게 잠을 자서 수면을 비축하는 기술임—옮긴이)을 실시해보세요. 아기의 수면 계좌 잔고가 고갈되면 아기가 잠이 들거나 잠든 상태를 유지하기 어렵습니다. 많은 부모들이 아기의 수면 훈련을 결정하는 이유는 절박한 상황에 처했거나, 별의별 방법을 시도해보았거나, 절망에 빠져 당장이라도 포기할 것 같기 때문인데요. 아기를 잘 쉬게 할수록 잠도 잘 잔다는 것을 잊지 말아야 합니다. 아기가 너무 지치면 심하게 울거나 쉽게 잠들지 못할 수 있습니다. 계획을 세워서 준비된 과정대로 따르면 훨씬 좋아질 거예요.

●커린 에드먼즈, 영유아 수면 전문 컨설턴트

solution

아기의 생후 첫 몇 개월은 누구나 힘든 시기입니다. 당신이 어떻게 하든 신생아는 불규칙하게 잔다는 사실을 기억하세요. 유감스럽게도 아기를 재우거나 수면 부족을 견디는 데 도움이 되는 마법 같은 방법은 없지만, 이 시기를 더 수월하게 보내기 위해 알아둬야 하는 것들은 있습니다. 함께 커피를 마시거나 한바탕 실컷 울면서 전부 이야기해주고 싶지만, 잠시라도 시간이 나면 잠을 자는 편이 좋을 것 같아 대신 여기에 정리해둘게요.

1 상황은 좋아집니다. 곧

생체리듬circadian rhythm이라고도 하는 아기의 생체시계는 생후 1~3개월 사이에 조절되기 시작합니다. 이때부터 수면-각성 주기sleep-wake cycle의 리듬도 발달하기 시작해요. 하지만 기하급수적인 속도로 발달하기 때문에 아기의 수면 일정에도 영향을 미칠 수 있습니다. 몇 주 동안 일반적인 루틴을 충실하게 지키던 아기에게서 수면 퇴행의 경우처럼 갑자기 그 루틴이 사라지는 일이 생길 수 있어요. 말 그대로 하룻밤 사이에 사라집니다. 다시 말하지만, 이것은 정상입니다. 짜증이 나지만 정상이에요.

2 기분을 좋게 해주는 앱을 이용하세요

원더윅스Wonder Weeks(아기에게는 일정한 주기로 도약하는 발달 단계가 있다는 개념. 네덜란드의 발달 심리학자 헤르만 댈레의 저서 〈원더윅스The Wonder Weeks〉에서 유래됨—옮긴이)라는 인기 앱이 있습니다. 아기의 발달 이정표를 알려주는데, 원더윅스 앱에서는 이를 '도약'이라고 부릅니다. 타임라인을 알면 부모는 아기의 행동을 예측하고, 아기가 더 울거나 보채는 때를 미리 파악하고, 각 발달 단계와 관련된 아기의 능력이나 관심사를 키워줌으로써 도약 단계별 아기 달래는 법을 배울 수 있어요. 원더윅스의 타당성에 대해 의사들마다 견해가 다른데, 많은 엄마들에게 커다란 위안을 주고 있습니다. 실제로 저는 아들이 깨어나 보채고 불편해하면 분명 무언가 잘못되었다는 생각에 당황했는데요. 이때 원더윅스 앱을 확인하면 열에 아홉은 아들이 발달 도약 단계에 있다고 알려주더군요. 아들의 행동은 대체로 앱에서 설명한 내용과 일치했으며, 아들은 괜찮고 나는 엄마로서 실패하지 않았다는 것을 알게 되어 큰 위안을 얻었답니다.

3 마의 시간은 현실입니다
마의 시간에 관해 어떤 이야기를 들었든, 아기들이 마의 시간에 아주 몹시 보챈다는 이야기는 사실입니다. 사실 이 시간을 마치 한 시간인 양 말하는 것은 다소 어폐가 있습니다. 왜냐하면 오후 4~5시쯤 시작해 밤 11시에서 자정까지 지속될 수 있기 때문이죠. 그러니 마의 반나절에 더 가깝습니다. 아기들이 마의 시간에 더 보채는 이유는 여러 가지일 수 있는데요. 부모나 형제들이 집에 오는 시간이어서 집안이 시끌벅적해졌다거나, 어쩌면 아기가 자극을 과도하게 받아서 너무 지쳤기 때문일 수도 있습니다. 초보 엄마 입장에서는 말도 안 되는 상황처럼 보여서 정신이 나갈 것 같은 기분이 들 수 있는데요. 희소식이라면 보통 마의 시간은 생후 몇 개월 동안만 지속된다는 겁니다.

4 마법 같은 제품은 없습니다
아기의 수면을 촉진한다고 주장하는 제품을 사고 싶은 유혹을 느낀다면 당신만 그런 게 아닙니다. 미국에서 유아 수면 산업의 시장 규모는 연간 3억 달러가 넘습니다. 수면 부족은 끔찍하기 때문에 도움이 될 만한 것은 무엇이든 구입하려고 부모들이 그렇게 많은 돈을 쓰는 것이죠. 양질의 숙면 사운

드를 제공하는 앱, 진정 효과가 있다는 히말라야 소금 램프, 일체형 수면 잠옷 등 제가 구입한 제품들이 실제로 아들을 잠들게 한 효과가 있었는지, 아니면 내가 쓸모 있는 일을 하고 있다는 기분이 들게 했을 뿐인지는 잘 모르겠습니다. 아무튼 상황을 반전시킬 그 한 가지 제품을 찾지 못했다고 실망하지 맙시다. 아마도 그런 것은 존재하지 않을 테니까요.

5 허무맹랑한 이야기는 무시하세요

모든 규칙에는 항상 예외가 있는 법입니다. 아기들은 대부분 잠을 잘 자지 않지만, 개중에는 잘 자는 아기도 있습니다. 이런 아기를 '유니콘 아기'라고 하죠. 유니콘 아기는 흠잡을 점이 없고, 전설에 따르면 첫돌이 되기 훨씬 전에 걷고 말하고 운전도 합니다. 게다가 똥 대신 무지개를 싼다지요. 물론 무지개 똥 이야기는 터무니없을지 모르지만, 무슨 말인지 이해가 될 겁니다. 육아로 힘들 때마다 분명 유니콘 아기의 이야기를 듣게 될 테니까요. 누군들 잠 잘자고 배변 훈련이 필요하지 않은 아기를 바라지 않을까요? 유니콘 아기는 그 이름처럼 찾기 힘들고 드물며, 가짜일 가능성이 큽니다. 그러니 이런 허무맹랑한 이야기는 무시하세요.

6 도움을 요청합시다

돕고 싶어 하는 사람들이 도움의 손길을 내밀도록 부탁해야 하는 중요한 영역 중 하나가 바로 수면입니다. '가장 지친 엄마'에게 주는 상도 없고, 모든 것을 혼자 한다고 보너스 포인트를 받는 것도 아니니까요. 이 모든 것은 스스로 감당할 수도 없고 감당할 필요도 없기 때문에 그저 자신을 비참하게 만들 뿐입니다. 아기가 자는 동안 당신은 무엇을 하나요? 빨래? 집안일? 모두 다 잊어버리세요. 비록 하루에 한 시간뿐이라고 해도 당신에게 필요한 것은 다름 아닌 수면입니다. 파트너가 집에 와서 도와줄 때까지 집안일을 그대로 두거나, 직접 요리할 일이 없도록 누군가 저녁거리를 가져다준다고 하면 기꺼이 받읍시다. 아기가 낮잠 자는 동안 당신이 반드시 해야 하는 일을 하나라도 맡겨두고 그 시간을 잠을 자는 데 활용합시다. 별것 아닌 것처럼 보일 수 있지만, 피곤함이 이 정도 수준에 이르면 무엇이든 도움이 됩니다.

7 수면 컨설턴트가 실제 도움이 될 수 있습니다

아기에게 좋은 수면 습관을 들이는 방법에는 여러 가지가 있습니다. 물론 잠은 타고난 것이지만, 잠들게 하는 것은 숙달의 과정이 필요합니다. 이때 수면 컨설턴트가 도움을 줄 수 있어요. 수면 훈련 방법은 다양하며, 나와 아기에게 가장 적합한 방법을 선택하게 됩니다. 생각보다 비용도 저렴합니다. 물론 직접 집으로 찾아와 상담하는 컨설턴트를 고용한다면 비용이 더 들겠지만, 전화나 화상통화 혹은 이메일로 상담을 하는 컨설턴트도 있습니다. 잠을 잘 자기 시작한 아기라고 해도 여전히 수면 퇴행을 겪을 수 있으므로 수면 컨설턴트가 도움이 될 거예요.

8 수면 컨설턴트는 마법사가 아닙니다

수면 컨설턴트의 도움을 얻으면 잠 잘 자는 아기로 바뀔 수도 있지만, 그렇다고 해서 아기가 밤새 깨지 않고 자거나 다시는 힘들게 하지 않을 거라는 의미는 아닙니다. 아기는 여전히 한밤중에 깨고 때로는 젖을 먹기도 할 거예요. 수면 컨설턴트는 아기가 스스로 잠들고 한밤중에 깼을 때도 도움 없이 스스로 다시 잠드는 법을 배우도록 도와줄 겁니다.

9 공부합시다

전문가들의 연구가 이어지면서 시간이 지남에 따라 수면 관습 역시 변하고 발전합니다. 제가 아기였을 때 저희 부모님은 저를 푹신하고 두툼한 매트가 깔린 요람에 엎드려 재우고 담요를 덮어주셨는데요. 당시에는 그것이 관습이었습니다. 하지만 제 아들이 태어날 무렵에는 권고 사항이 완전히 바뀌었죠. 꼭 맞는 크기의 시트 외에는 아무것도 없는 아기 침대나 요람에 아기의 등을 대고 눕힙니다. 그리고 몸을 따뜻하게 하고, 모로Moro 반사 혹은 놀람 반사startle reflex(자면서 움찔하며 놀라는 신생아의 움직임)를 막는 동시에 잠을 더 오래 잘 수 있도록 속싸개를 합니다. 권장 사항은 시간이 지남에 따라 또는 아기가 성장함에 따라 바뀌기도 합니다. 예를 들어 아기를 포근하게 감싸주는 속싸개는 아기가 뒤집기를 시작하면 즉시 사용을 멈춰야 해요. 그러니까 안전한 수면 습관에 관한 강좌를 듣거나 관련 육아서를 참고하며 계속해 공부하세요.

도움
요청하기

07

미안하지만
마을은 없다

남편의 책상 위에는 내 사진이 들어간 액자가 하나 있다. 남편이 아주 좋아하면서도 동시에 즐겨 놀리는 사진이다. 남편이 말하길 나의 가장 강한 성격 특성 중 하나가 시각적으로 완벽하게 담겨 있단다. 다름 아닌 도움을 요청하지 않는 면이다.

아들이 생후 6개월쯤 된 어느 날, 우리가 공원에 나갈 준비를 하고 있을 때 남편이 찍은 사진이었다. 나는 밖에서 아들과 함께 기다리고 있었고, 집 안에 있던 남편은 자신이 가지고 나갈 것은 없는지 물었다.

"아니, 괜찮아. 됐어."

내가 "됐어."라고 말할 때 보통은 그렇지 않다는 것이 드러난다. 남편은 내가 신체적 역량에 비해 더 많은 일을 하려는 모습을 자주 봤기 때문에 집에서 나올 때 어떤 상황일지 짐작하고 있었다. 그리고 나는 남편을 실망시키지 않았다.

나는 기저귀 배낭을 등에 멘 채 아들을 안고 있었다. 한쪽 어깨에는 간식거리가 든 작은 보냉 가방을 걸치고 다른 어깨에는 담요와 장난감으로 가득 찬 가방을 걸쳤다. 그리고 한 손에는 자동차 키와 아기 띠를, 다른 한 손에는 물병을 쥐고 있었다. 그 순간 남편은 사진을 찍었다. 내 품에서 벗어나려고 버둥거리는 아들을 제외하고 내 몸에 걸쳐 있는 거의 모든 것을 들어주기 직전이기도 했다.

나는 왜 이러는 걸까? 모르겠다. 왜냐하면 항상 그러기 때문이다. 심리 치료사라면 내가 사람들에게 부담을 주고 싶어 하지 않는 성격이라는 의견을 내놓겠지만, 내 생각에는 너무 오래 혼자 살아서 모든 것을 스스로 할 수밖에 없었다는 사실과 더 관련이 있는 것 같다. 어느 쪽이든, 나를 아는 사람들은 이런 광경을 드물지 않게 볼 수 있었다. 나는 차에 실린 식료품도 두 번에 나눠서 옮기는 법이 없고, 식탁을 치울 때도 종종 대학 시절 쌓은 서빙 실력을 이용해서 접시 네 개를 한 팔로 한 번에 옮긴다.

나는 이런 내 모습을 주도적인 태도라고 하고, 남편은 기벽이라고 부른다. 뭐라고 부르든, 한 사람이 모든 일을 하는 것은 불가능하기 때문에 엄마가 된 나에게는 도움이 되지 않았다. 다시 한 번 강조하지만, 한 사람이 모든 일을 하는 것은 불가능하다.

분명 나만 이렇게 행동하는 것이 아니다. 임상 심리학자이자 《불안을 다스리는 도구상자The Anxiety Toolkit》의 저자 엘리스 보이스에 따르면 도움이 필요할 때 도움을 요청하지 않는 것은 오늘날 우리 문화에서 흔한 일이다. 도움이 필요하다는 말은 우리가 모든 것을 할 수 없다는 것을 인정하는 것이기 때문에 수치심에 이렇게 행동하는 경향이 있다. 또는 누군가 어떤 반응을 보일지에 대해 부정적인 기대를 하기 때문일 수 있다. 때로 우리는 상대방이 어떻게 대답할지 당연히 안다고 생각하고는 굳이 물어보지도 않는다.

　보이스는 이렇게 말한다. "도움을 받을 수 있는지가 중요한 것이 아닙니다. 중요한 것은 그런 도움을 실제 이용하느냐 하는 겁니다. 사람들은 도움이 필요하지 않고 모든 것을 스스로 할 수 있어야 한다고 생각합니다. 때로 도움의 손길이 있어도 우리는 도움을 받는 것이 어색하거나 과분하다고 생각해서 이용하지 않습니다."

　당신의 삶은 출산 전과 같지 않다. 시간은 줄어들고 책임은 늘어난다. 물론 당신이 화장실 청소를 하거나 저녁 준비를 하는 동안 아기가 그네에 앉아 있다면 좋겠지만, 그런 일이 항상 있는 것은 아니다. 잠을 못 자거나 싱크대에 쌓여만 가는 설거지거리(당신이 할 수 없을 것 같은)를 애써 무시하려는 대신 도움을 구해야 한다. "도움이 필요하면 알려줘."는 흔한 후렴구 같은 말이다. 성의 없는 말은 아니지만, 그렇다고 그리 유용한 말도 아니다. 무슨 말이냐고?

　아프리카 속담처럼 아기 키우기를 도와줄 그런 마을은 어디에나 있을 것이다. 만약 있다면 말이다. 하지만 그런 마을은 없다. 그냥 앉아서 도움의 손길이 마법처럼 나타나기를 기다리면 된다는 생각이라면 실망할 것이다. 악의적으로 하는 말이 아니다. 나도 내 마을을 기대했다. 왜 우리는 그런 기대를 하지 않아야 하는 걸까? 오랫동안 우리는 엄마가 되려면 마을이 필요하고(정말 그렇다), 모든 엄마에게는 출산하자마자 한 마을이 배정된다고(그렇지 않다) 믿도록 길들여졌는데 말이다.

우리는 어떤 상황에 대처하지 못하면 삶을 바꿀 만큼의 급격한 변화가 필요하다고 생각합니다. 바닥이 보이지 않는 구덩이에 빠졌을 때, 엄청난 도움의 손길도 소용없는 것처럼 느끼는 것이죠. 게다가 사람들 대부분은 그보다 작은 도움만 줄 수 있기 때문에 우리는 그런 도움이 얼마나 유용한지 알지 못합니다. 하지만 실제 커다란 영향을 미치는 것은 그런 작은 도움의 손길이고, 수많은 작은 손길은 조금씩 늘어납니다. 단지 한두 사람에게 도움을 구하는 것으로 한정하지 마세요. 물론 당신 삶의 모든 사람이 당신의 욕구 전부를 충족시킬 필요는 없습니다. 또한 당신은 그런 욕구를 다 충족시킬 충분한 자격이 있지만, 이를 여러 사람이 수행할 수도 있는 거고요.

●엘리스 보이스, 임상 심리학자

이 마을은 결코 신화가 아니라 실화이다. 더 정확하게 말하면 실화였다. 우리의 할머니 세대에도 있었고, 규모는 작아졌지만 엄마 세대에도 있었다. 지금과 같은 세상에서 이런 마을은 불가능하고, 우리는 여성들이 마을에 의존하는 것을 막아야 한다. "당신을 도와줄 마을이 있을 겁니다!" 이는 사회가 엄마가 된다는 부담감을 오롯이 엄마들에게 지우려는 또 다른 방법일 뿐이다.

마을의 개념은 우리가 전부 다 할 수 없고, 모두가 힘을 합쳐 서로를 도와야 하는 것이다. 짐을 나눠서 부담을 줄이는 식이다. 내가 초등학교에 다닐 때 엄마는 일을 하지 않았고 동네의 다른 엄마들 중 일부도 일을 하지 않았다. 동네 아이들에게는 언제든 도움을 청할 수 있는 사람들이 여럿 있었던 셈이다. 놀다가 누군가 다쳐서 반창고가 필요하면 가장 가까운 집으로 달려가면 그만이었다. 물을 마시거나 간식을 먹을 때, 화장실이 급할 때, 심지어 아이스크림을 사 먹고 싶을 때도 마찬가지였다. 한 사람이 자식을 돌보기 위해 5초마다 끊임없이 방해를 받는 일은 없었다.

엄마들 또한 서로를 위해 더 많은 일을 할 수 있었다. 예를 들어 이웃집 아이들은 엄마가 급히 마트에 가는 동안 우리와 함께 뒷마당에서 놀 수 있었고, 그 엄마는 다른 사람이 필요한 물건을 사 오기도 했다. 어떤 원리인지 알겠는가? 일종의 단체 활동이었다. 우리 모두 각자 가족이 있었지만, 집단 공동체를 만들었다. 우리가 함께 힘을 모으는 공동체, 즉 '마을'을 만들었다.

오늘날 세상은 달라졌다. 우리 중에 일하는 엄마들이 더 많다. 말하자면 집에 있지 않아서(혹은 집에 있다면 재택근무 중이어서) 그런 마을에 적극 동참할 수 없다. 전반적으로 시대에 뒤처진 방식이지만, 당장이라도 이용할 수 있는 대단히 좋은 방식이라는 평가는 여전해서 이 방식을 활용하는 것은 우리에게 달려 있다. 이는 오늘날에도 여전히 여성들에게 강요되는 또 다른 구시대적인 발상으로, 우리 스스로 잘하고 있지 못하다는 기분이 들게 할 뿐이다. 내 마을은 어디 있지? 왜 나만 빼고 다들 마을이 있는 거지?

당신의 마을을 기다리지 말자. 그런 마을은 현실도 아니고 절대 나타나지 않을 것이다.

"오늘날 우리는 허슬 문화hustle culture(개인의 생활보다 일을 중시하고

열정적으로 일하는 것을 높이 평가하는 문화—옮긴이) 속에서 살고 있습니다. 다들 바빠서 다른 사람들을 도울 정신적 여력이 없습니다." 보이스 박사의 말이다. "그리고 이제는 도움의 손길이나 지원이 상업화되고 있습니다. 말하자면 우리의 요구사항을 아웃소싱으로 충족할 수 있는 상황에서 누군가의 부담을 가중시키는 것 같은 기분이 들게 하는 것이지요."

이런 죄책감은 허상이 아니다. 배달앱을 이용할 수 있는데 굳이 누군가에게 마트에서 뭘 좀 사다 달라고 부탁하면 상대방을 성가시게 하는 기분이 든다. 상대방이 이미 마트에 가고 있는지는 중요하지 않다. 상대방의 할 일 목록에 과제를 하나 더 추가하기 때문이다. 게다가 아웃소싱 비용은 시간이 지남에 따라 늘어난다는 것을 알고 있지만, 이런 문제는 다른 누군가에게 부담을 준다는 생각보다 중요하지 않다. 심지어 남의 눈치를 볼 처지가 아니라도 말이다.

우리가 직접 나서서 분위기를 바꿔야 한다. 우리가 노력한다면 우리 모두가 필요한 도움을 찾아줄 수 있다. 그러니까 도움의 손길을 기다릴 것이 아니라 우리가 스스로 찾아 나서야 한다.

앞서 했던 호르몬 이야기를 기억하는가? 호르몬 변화는 모든 것을 10배는 더 힘들게 만든다. 도움을 요청하는 일이 특히 그렇지만, 이제 당신이 해야 하는 일이다. 도움을 청할 때는 구체적으로 해야 한다. 가족과 친구들은 여전히 각자의 삶을 살고 있다. 마트, 세탁소, 우체국 등을 갈 텐데, 그럴 때 당신의 부탁을 끼워 넣는 것이다. 당신이 마트에 갈 때 빵이나 우유를 사다 달라는 친구의 부탁에 짜증을 내지 않듯, 당신의 가족이나 친구들도 그러지 않을 것이다.

거리낌 없이 도움을 요청하는 것은 말할 것도 없고, 도움을 주겠다고 할 때 그 도움을 받는 것도 매우 용기 있는 일이다. 상어가 내 한쪽 다리를 물어뜯는 동안 나는 바다에서 익사할 수도 있지만, 누군가 도움이 필요하거나 혹은 작살 같은 것이 필요하냐고 묻는다면 나는 유쾌하게 대답할 것이다. "됐어요!"

내 말에 조금이라도 공감이 간다면 곧 충격적인 상황을 맞이할 것이다. 일단 아기가 태어나면 반드시 도움과 지원이 필요할 것이기 때문이다. 그러므로 도움을 청하고 받는 것에 편해져야 한다. 자신의 속마음을 파악해서 정확히 원하는 것을 다른 사람들에게 알리는 것은 자기 자신에게 달려 있다.

내가 충고하는 것들을 마치 나는 실제 실천하는 것처럼 말한다는 것을 알고 있다. 사실 '내 실수에서 배우는 것'에 더 가깝다. 엄마가 되고 그 신기루 같은 마을이 절실하게 필요했던 초기에 나는 도와 달라는 말을 입 밖으로 내지도 못했다. 몇 년이 지나 지금에서야 도움을 청하는 것이 편해졌고, 도움을 청할 때는 내가 필요한 것을 구체적으로 설명한다. 왜냐하면 사람들은 항상 "기꺼이 도와줄게!"라고 바로 말할 텐데, "고마워. 언제 내가 병원에 갈 때 우리 아기를 봐주면 좋지."라고 대답하면 아무런 소득도 얻지 못할 것이기 때문이다. 그게 아니라 당신이 필요한 것을 직접적으로 설명할 필요가 있다. "고마워. 화요일에 자궁경부암 검사가 있는데, 오후 3시 45분부터 한 시간 정도 아기 좀 봐줄 수 있어?" 그렇지 않으면 산부인과 의사가 당신의 생식기를 들여다보는 동안 다리를 벌리고 앉은 채 모유 수유를 할 수도 있다. 내가 그랬듯이 말이다.

우리만의 지원 시스템을 만들어야 한다. 나는 아들이 태어났을 때 맨땅에 헤딩하는 식으로 시작할 수밖에 없었다. 임신 막바지에 이사를 하는 바람에 이웃에 사는 커플 외에는 동네에 아는 사람이 없었기 때문이다. 그 커플은 아이는 없지만 조카들은 있다며 갓난아기와 지내는 것이 얼마나 힘든지 안다고 했다. 그러면서 도울 수 있는 방법을 알려달라고 거듭 말했다. 나는 내 나름대로 커플에게 깊은 감사를 표했고, 도움을 요청하겠다고 말했다.

그리고 한 번도 도움을 청하지 않았다.

전문가 조언

도움을 요청하는 것도 연습이 필요합니다. 원 하나는 당신에게 필요한 것이고 다른 원은 상대방이 줄 수 있는 것이라고 하면, 두 원이 겹치는 교집합 부분에 주목해보세요. 도움을 받아 충족될 수 있는 부분을 구체적으로 확인하면 정말로 필요한 도움을 받을 가능성이 높아질 거예요. 도움을 요청하는 것이 스스로를 연약하게 만드는 것 같지만, 연약함은 배려를 이끌어냅니다.

●엘리스 보이스, 임상 심리학자

우리는 운이 아주 좋아서 그토록 친절한 사람들과 이웃으로 살았다고 생각했다. 돌이켜보고 나서야 그들이 얼마나 편하게 손을 내밀었는지 알았다. 우리도 부담 없이 도움을 받았더라면 좋았을 텐데. 당신 곁에도 도움을 주고 싶어 하는 사람이 충분히 있을 것이다. 그러나 당신을 위해 기꺼이 무언가 해줄 사람이 있는 것만으로는 부족하다. 내 이야기를 듣고 무언가 느낀 점이 있다면, 당신 역시 상대방이 건넨 도움의 손길을 받을 수 있어야 한다.

아들이 생후 3개월이 되었을 때 나는 동네 아기 수업에서 같은 연령대의 아기를 둔 엄마들을 만났다. 아기들이 보통 먹거나 울거나 똥을 싸거나 뒤집기 연습 등 제 할 일을 하는 동안 우리 엄마들은 둥글게 앉아 이야기를 나누곤 했다. 나는 금세 어떤 시나리오를 떠올렸다. 가장 절친한 사이가 되는 누군가를 만나 어쩌면 자매보다 더 가까운 사이가 되고, 그러는 과정에서 서로를 돕기도 하고, 날이 갈수록 점점 더 나를 짓누르는 부담감을 덜어주기도 하는 것이다. 이상적이면서 동시에 완전히 비현실적인 시나리오였다.

내가 곧 알게 된 것처럼, 단지 우리 모두가 대략 비슷한 시기에 아기를 낳았다고 해서 자동적으로 빠르게 친구가 되는 것은 아니었다. 우리 모두는 초보 엄마라는 공통의 경험이 있었지만, 그 경험에만 기대어 우정을 쌓기란 쉽지 않았다. 우리는 함께 앉아서 쓸려 벗겨진 젖꼭지를 진정시키는 팁을 공유하거나 우리 몸이 다시는 예전처럼 될 수 없을 것 같은 기분에 대해 위로할 수 있었다. 하지만 우리에게 엄마 이전에 친구가 될 수 있을 만큼 성향이 비슷하지 않았다면 이후에도 지속적으로 관계를 돈독히 하는 데 위로만으로는 충분치 않았을 것이다.

물론 우리 모두 엄마였지만 나는 각자가 처한 상황은 제각각이라는 사실을 간과했다. 저녁 수업에 모인 엄마들 가운데 나만 전업주부라는 것을 알게 되었다. 그럴 수밖에 없었다. 그들은 하루 종일 일을 하기 때문에 더 이른 시간의 수업은 들을 수 없었다. 다른 엄마들이 자신의 가족에게 맞는 최선의 육아 방식을 선택하는 어려움 속에서도 유대감을 형성하는 모습은 보기 좋았지만, 내가 엉뚱한 곳에 있다는 기분이 들었다.

나는 이후 몇 개월 동안 아등바등 지냈다. 남편도 있었고, 절친한 친구들과 부모님은 시간이 날 때마다 우리 집을 찾았다. 하지만 그런 방문이 없으면 남편과 나 둘뿐이었다. 그리고 남편이 출근하면 나 혼자였다. 나는 거의 매일 아들을 유아차에 태우고 산책을 나가거나 아들이 자는 동안 옆 동네에 있는 스타벅스 드라이브스루로 차를 몰았다. 아들이 낮잠을 자거나 남편이 퇴근하면 글쓰기에 집중했고, 그 외 시간에는 로봇처럼 지냈다. 아기 돌보기, 집안 청소, 빨래하기, 일하기의 반복이었다. 그런 일상 속에서 나에게 남는 시간은 별로 없었다. 남편은 주말에는 혼자서 시간을 보내라고 권했지만, 나는 성인끼리 어울리는 일이 너무 절실한 나머지 혼자 보내는 시간은 그다지 솔깃하게 들리지 않았다.

> ### 초보 엄마 경험담
> 콜린 W.

딸이 태어난 뒤에 나는 어떠한 도움도 요청하지 않았다. 그냥 누군가 도움의 손을 내밀 거라고 생각했던 것 같다. 남편의 근무 시간은 길고 예측할 수 없었다. 친정 부모님과 시댁 식구들이 찾아오곤 했지만, 다들 아기를 안고 싶어 할 뿐이었다. 친구들 중에 내가 처음으로 아기를 낳았는데, 그들 중 누구도 나한테 친구가 얼마나 필요한지 알아채지 못한 것 같았다. 그래서 나는 한 번도 친구들에게 도움을 청하지 않았다.

이 모든 것을 혼자서는 할 수 없다는 것을 깨달았을 때쯤에는 누구에게 도움을 청해야 할지, 무슨 말을 해야 할지 몰랐다. 그런 상황을 완전히 뒤바꿀 수 있었던 것은 단지 운이 정말 좋았기 때문인 것 같다. 현재 둘째를 임신 중인데 이번에는 계획을 세웠다. 우리는 내가 갓난아기를 돌보는 동안 집에서 이제 걸음마를 시작한 아이를 봐줄 도우미를 고용했다. 그리고 친정 부모님과 시댁 식구들에게 우리 집에 올 때 아기를 보는 일 외에 다른 일도 도와줄 수 있는지 물었더니 흔쾌히 그러겠다고 했다. 모든 사람이 자동적으로 내가 도움이 필요하다는 것을 알거나 먼저 도와주겠다는 생각을 하는 것은 아니다. 때로는 일이 잘 풀리도록 직접 나서야 한다. 첫째를 낳았을 때 그런 사실을 깨달았으면 좋았을 텐데. 그랬다면 딸아이의 첫해를 즐기며 보냈을지도 모른다.

남편은 나를 돕기 위해 최선을 다했지만, 회사에도 가야 했다. 가능하면 회의 일정을 조정하고 내 일을 대신 맡기도 했지만, 도움이 필요할 때 남편이 시간을 내지 못하는 빈틈은 여전히 존재했다. 그 바람에 나는 산부인과용 진찰 의자에 앉아 다리를 벌린 채 모유 수유를 하게 되었다.

나는 도움이 필요했다. 그리고 친구를 사귀어야 했다. 이 두 문제는 서로 얽혀있으면서도 똑같이 해결이 쉽지 않아 보였다.

나는 다른 수업에서 내 운을 시험해보기로 했다. 이번에는 낮 수업에 들어갔다. 저녁 수업과 마찬가지로 모든 사람이 찰떡궁합은 아니었지만, 다들 전업주부이거나 육아휴직 중인 엄마들이었다. 아기와 온종일 집에 있다는 점에서 같은 처지였다. 서서히 유대감이 쌓이는 기분이 들었다. 하지만 먼저 다가가 이야기를 건넬 수 있으려면 더 도전해봐야 한다는 것을 깨달았다. 그래서 누군가 수업 시간 외에 공원에서 아기들과 놀자고 하거나, 아이도 갈 수 있는 곳에서 커피나 마시자고 하면 빠지지 않았다.

거의 30명의 엄마들이 있는 반에서 결국 나와 친해진 사람은 세 명이었다. 우정이 돈독해지면서 우리는 모두 같은 처지인 까닭에 다른 사람보다도 서로에게 도움을 요청하는 것이 더 편하다는 것을 알게 되었다. 처음에는 이것저것 부탁하는 일이 쉽지 않았다. 내가 이기적인 것 같았고 엄마의 죄책감(눈썹 왁싱을 받으려고 아기를 다른 사람에게 맡기면 나는 나쁜 엄마인가?)과 막연한 불안감이 있었지만, 나는 이겨냈다. 이 세 엄마에게 마트에 갈 일이 있는지 물어보고 그렇다면 우유 좀 사다 줄 수 있는지 부탁하는 일이 훨씬 쉬웠다. 왜냐하면 내 이웃들과는 달리 그런 부탁이 일방적이라고 느끼지 않았기 때문이다. 내가 그들의 도움이 필요했던 것과 마찬가지로 그들 역시 내 도움이 필요했다.

내 어린 시절의 그런 마을은 아니었다. 하지만 내가 가진 자원으로 만든 마을이었다.

모든 사람이 육아휴직을 한다거나 수업을 들으며 다른 엄마들과 소통할 수 있는 처지가 아니라는 것을 알고 있다. 충분히 이해한다. 하지만 그렇게 보이지 않는다고 해도 당신을 돕고 싶어 하는 사람들을 찾을 수 있다. 내 말을 믿어도 좋다.

나는 페이스북 동네 엄마 모임에 가입하고, 지역의 다른 엄마들과 교류할 수 있는 앱(본질적으로 데이트 앱이지만, 엄마 친구들을 사귀려는 목적이었다)을 설치했다. 정말로 데이트하는 것 같았다. 상대방의 프로필을 읽어보고 관심이 있으면 연락을 하는 식이다. 앱에서 채팅을 하고 만남을 약속할 수 있다. 진정한 엄마 데이트 혹은 엄마 친구 선발 테스트 같았다. 수많은 엄마 데이트에서 멋진 엄마들을 만나기도 했지만, 이전에 터득했듯이 자궁이 있고 아기가 있다고 해서 금세 친구가 되는 것은 아니다. 또 나와 찰떡궁합이 아닌 엄마들이라고 해도 여전히 그중 몇몇과는 공원에서 만나거나 동네 산책을 하기도 한다. 집에서 나가야 할 때 문자 메시지를 보낼 수 있는 엄마들이 있다는 것만으로도 좋으니까.

마침내 나는 그렇게 바라던 베프 엄마를 만났다. 그녀는 나를 친구들에게 소개했고 곧 나는 마을에 준하는 모임을 갖게 되었다. 나는 몸이 좋지 않거나 잠이 부족할 때 누군가 대신 내 아들을 돌봐주거나 더 놀도록 다른 사람의 집에 데려다 줄 수 있었기 때문에 혼자서 병원에 가는 일 등을 할 수 있었다. 물론 나도 보답으로 똑같이 했다. 이런 이야기가 과장되고 터무니없는 것처럼 들릴 수 있다는 것을 알지만, 정말로 삶이 바뀌었다. 나는 더 이상 홀로 섬에 있는 존재가 아니었고, 더 이상 모든 것을 혼자 하려고 애쓰지 않았다.

도움을 구하고 받아들여야 한다. 이는 필수적인 일이다. 나는 아기가 태어나기 전에 이 과정을 시작했다. 주변 사람들에게 내가 도움을 요청하면 어떤 기분이 드는지 물어봤는데, 그 반응들이 대단히 유쾌했다. 도울 수 있어서 영광이라거나 행복하다거나 기쁘다고 했고, 덕분에 쓸모 있는 사람이 된 기분이 들어 좋다고 했다. 그런 말을 들으니 내가 도움이 필요한 때가 되었을 때 도움을 청하는 일이 정말로 편해졌다. 즉시 도움을 청할 수 있는 사람이 누구에게나 있는 것도 아니고, 갓난아기가 있으면 다른 것을 생각하기 어렵다는 것도 알고 있다. 그러나 도움을 청할 수 있는 사람들을 찾아서 나만의 네트워크를 만들 것을 강력하게 권한다. 규모가 클 필요는 없지만 나의 마을이 필요하고, 그것은 스스로 만들어야 한다. 초보 엄마에게 든든한 지원군이 있다는 사실만으로 엄마 역할이 반드시 힘든 일처럼 느껴지지 않게 되고, 엄마 역할 속에서 기쁨을 찾고 제정신을 차릴 수 있는 비결이 된다.

solution

당신이 처한 상황을 깨닫고 받아들이면 엄마가 되는 두 번째 단계가 시작됩니다. 새로운 산후 공동체를 만들 때 기억해야 할 중요한 10가지 사항을 참고하세요.

1
당신이 모든 것을 할 수 없다는 사실을 기억하세요. 그렇다고 실패했다는 의미는 아닙니다

저는 간과했지만 모든 초보 엄마들이 알았으면 하는 점, 바로 모든 것을 할 수 있는 사람은 없다는 사실입니다. 아기는 엄마가 도움을 요청하게 만듭니다. 다름 아닌 당신의 아기가 그렇게 만들 거예요. 만약 모든 일을 당신 혼자 떠맡으려고 하면 실패할 테니까요. 스트레스를 받거나 속이 상하는 등 온갖 좋지 않은 기분이 들 텐데, 그럴 필요가 없는 일입니다. 아울러 당신의 아기에게는 행복하고 정신적으로 건강한 엄마가 필요하다는 걸 잊지 마세요.

2
장담하건대 사람들은 정말로 돕고 싶어 합니다

그저 예의상 하는 말인 양 모호하고 성의 없어 보이는 "도울 일이 있으면 알려줘."라는 식의 말을 많이 들을 겁니다. 전부 그런 것은 아니지만 일부는 문자 그대로 짐작해도 절대 틀리지 않습니다. 자신의 직감을 믿으세요. 진심 어린 제안과 뒤늦게 생각해낸 솔직하지 못한 제안의 차이를 알게 될 거예요. 당신이 겪고 있는 일을 정확히 알고 있는 다른 엄마의 제안이라면 특히 그렇습니다.

3 작은 일부터 부탁하고 상대방의 장점을 이용하세요

사정을 살피기 위해 작은 요청부터 시작해보세요. 마트에는 다들 가기 마련이고, 반려동물을 기른다거나 같은 세탁소를 이용하는 사람을 알고 있을 거예요. 당신과 파트너가 여행을 가는 동안 2주 정도 아기를 돌봐달라고 부탁하는 일부터 시작할 것이 아니라 사소하면서도 급하지 않은 일부터 시도해보는 거예요. "다음에 반려동물 매장에 갈 때 뭐 좀 사다 줄 수 있어요?" 연습을 하면 속마음을 표현하는 것이 훨씬 편해질 겁니다. 그리고 도움을 청하는 상대가 누구이며 어떤 일을 부탁하면 가장 좋을지 전략적으로 생각해봅시다. 신체에 관한 이야기는 하기 싫어하지만 요리하는 것을 좋아하는 친구가 있다면 외출할 때 치질 크림을 사다 달라고 부탁할 것이 아니라 식료품이 필요할 때 연락하는 거예요.

4 구체적으로 도움을 요청하세요

이것은 살면서 만나는 모든 사람에게 해당되는 말입니다. 누구도 상대방의 마음을 읽을 수 없기 때문이죠. 파트너에게 "빨래 좀 도와줘."라고 부탁할 것이 아니라 파트너가 할 일을 정확하게 지시하세요. 마른 아기 옷은 개고, 젖은 옷은 건조기에 넣고, 토가 묻은 옷은 전부 세탁하라는 식으로요. 그리고 친구에게 '언젠가' 반려견 산책을 시켜줄 수 있는지 묻지 말고, 직접적이고 명확하게 말해보세요. "다음주 목요일 오후에 우리 강아지 잠깐 산책시켜 줄 수 있어?" 그렇지 않으면 당신에게 필요한 도움의 손길이 어떻게든 구체적으로 나타나기를 기다리고 있을 수밖에 없습니다. 당신이 도움을 청하지 않는 한 그런 일은 일어나지 않을 거예요.

5 다른 엄마들을 만나기 위해 갖은 노력을 합시다

이상적인 세계라면 우리는 출산 직전에 미리 선별된 엄마 친구 그룹에 배정될 겁니다. 하지만 현실은 그렇지 않고, 친구를 만들려면 노력해야 할 수도 있습니다. 인근 지역의 정보를 전하는 SNS 커뮤니티를 적극 이용해보세요. 지역 도서관이나 문화센터 행사 또는 지역 단체나 의료 기관에서 운영하는 엄마 지원 모임이나 비공식적인 엄마 모임(공원 모임 같은)도 활용할 수 있습니다.

6 먼저 도움의 손길을 내밀어 보세요

가깝게 지내는 다른 엄마가 있으면 상대방의 아이를 돌봐주겠다고 먼저 제안하거나 마트에서 필요한 것이 있는지 문자 메시지를 보내 보세요. 이것이 당신이 기꺼이 해주려는 일이라는 것을 알게 되면 아마 상대방도 똑같이 보답을 할 거예요. 만약 그러지 않는다면? 다른 친구들에게 같은 방법을 시도해보거나 새 친구를 사귀는 것을 생각해보세요. 분명 이런 상부상조 방식의 우정을 반기는 친구가 적어도 한 명은 있을 겁니다.

7 방문객들이 돕게 합시다

갓난아기를 보러 온 사람 중에는 당신에게서 손님 대접을 받고 싶어 하는 경우가 항상 있습니다. 심지어 당신은 출산으로 인해 몸 상태가 엉망인데도요. 하지만 당신 사정을 이해하고 도우려고 하는 방문객들도 있습니다. 반드시 적극적으로 그들이 돕게 하세요. 설령 그것이 다른 방에서 물건을 가져오는 일일지라도요. 제 경험을 들려드리면, 아들이 태어나자마자 친구 엄마가 선물을 주려고 저희 집에 들렀습니다. 그녀는 빨래를 개어주었을 뿐 아니라 아들을 돌봐줄 테니 샤워를 하라고 하더군요. 초보 엄마가 자기를 위한 시간을 내는 것이 얼마나 어려운지 그녀 자신의 경험을 통해 떠올렸을 수도 있고, 아니면 제 기름진 머리를 단번에 알아보고는 머리 감은 지 오래되었다는 사실을 알아차렸을 수도 있습니다. 어느 쪽이든 대단한 일이지 않나요? 당신을 위해 다른 사람에게 일을 시키는 게 어색할 수 있지만, 집안일이 하나 줄어드는 만큼 하기 싫은 일도 하나 줄어든다는 걸 기억하세요.

8 아웃소싱을 하세요

경제 사정에 달려 있지만, 만약 무슨 일이든 도와줄 사람을 고용할 수 있다면 그렇게 하세요. 당신이 게으르거나 일을 못해서 그런 것이 아닙니다. 당신은 살아남으려고 노력하는 것뿐이에요. 제가 아는 어떤 엄마는 이웃의 중학생 딸아이에게 비용을 지불하고 화초에 물 주는 일을 시켰다고 해요.

9 지역의 무료 서비스를 찾아서 이용하세요

아이들은 돈이 많이 듭니다. 다행히도 무료 또는 대폭 할인된 가격으로 서비스를 제공하는 훌륭한 프로그램과 단체가 있습니다. 이런 유형의 서비스를 받는 것은 종종 부담스럽고 감정적인 일이 될 수 있지만, 이런 프로그램이 존재하는 이유는 많은 사람에게 필요하기 때문이라는 것만 기억하세요. 게다가 당신이 아는 사람들 중에 공원, 도서관, 공립학교 등 정부가 세금으로 지원하는 서비스를 이용하지 않을 사람은 아무도 없을 거라고 장담합니다. 엄마들은 아이들에게 가장 좋은 것을 주고 싶을 뿐이죠.

10 도움이라고 해서 다 유익한 것은 아닙니다

누군가 도와주겠다고 제안을 할 겁니다. 그러고는 '도와달라는' 제안을 할 거예요. 말하자면 제안에 조건이 붙어 있는 셈입니다. 그런 조건의 감정적 비용이 그만한 가치가 있는지를 결정하는 것은 각자에게 달려 있습니다. 당신이 부탁한 물건을 사왔기 때문에 앞으로 5년 동안 상대방으로부터 수동적 공격성의 말을 들을 것인지? 이 한 번의 호의를 갚기 위해 앞으로 열 번의 호의를 베풀어야 하는지? 당신에게 이런 것을 감당할 시간과 인내심이 있는지? 곰곰이 생각해봐야 할 문제입니다.

스스로 창조해낸
마을에서 나는
더 이상 홀로 섬에 있는
존재가 아니었다.

도움을 요청하는 것은
말할 것도 없고
도움을 받는 일 또한
매우 용기 있는 일이다.

출산 후의
몸

08

아기만 기저귀를
하는 것이 아니다

나는 침실의 전신거울 앞에 서 있었
고, 남편과 갓난쟁이 아들은 현관에서 나를 기다리고 있었다. 우리는 산
책을 나갈 계획이었다. 소아과 진료를 제외하면 부모가 된 이후 우리 가
족의 첫 번째 나들이였다.

침대와 바닥에는 벗어 던진 옷들이 여기저기 널려 있었다. 숨이 막
힐 듯한 분위기였다. 나는 땀범벅이었고, 눈물을 애써 참느라 목구멍이
따끔거렸다. 거울에 비친 사람을 알아볼 수 없었다. 마치 내가 낯선 사람
의 몸에 들어간 것 같았다. 얼굴은 붓고 퉁퉁하게 살이 쪘으며, 몸은 햇
볕에 탄 것처럼 새빨갛게 성이 나 있었다. 더위 때문이었나? 아니면 발진
때문이었나? 아마도 두 가지가 합쳐져서 그랬을 것이다.

출산하고 3주가 채 되지 않아 몸에 맞는 옷을 찾을 수 없었다. 내 몸
이 출산 직후에도 여전히 임신한 몸처럼 보일 수 있다는 것은 알았지만,
'반등' 타임라인은 알지 못했다. 나는 '출산 후 3일 만에 비키니 몸매 완성
하는 법', '세쌍둥이 출산 후 2주 만에 인생 최저치 몸무게 기록' 같은 문구

아래 비키니를 입고 하이힐을 신은 유명 연예인들의 사진이 표지로 실린 잡지를 많이 봤었다. 오래도록 이런 사진들을 수없이 봤기 때문에 어찌 되었든 간에 지금쯤이면 정상으로 돌아가겠거니 싶었다.

나는 청바지에 마지막 희망을 걸었다. 사이즈가 너무 커서 반품하려다 까맣게 잊어버린 청바지였다. 청바지를 허리까지 끌어올렸지만 앞서 입어본 다른 옷들과 마찬가지로 맞지조차 않았다.

다시 땀이 나기 시작했고, 내 이름을 부르는 남편의 목소리가 마치 '서둘러'라는 뜻으로 들렸다. 생각해보니 아들에게 다시 모유 수유를 할 시간이 얼마 남지 않았고, 공공장소에서 모유 수유를 할 자신은 없으니 이제는 옷을 입어야 했다. 나는 다시는 입지 않을 거라고 장담했던 바로 그 임산부용 청바지를 입고 밖으로 나갔다.

눈물을 참는 데 성공한 줄 알았는데, 얼굴이 축축했다. 그리고 뜨거웠다. 나는 다시 집 안으로 뛰어 들어가 피부를 벗겨내고 지금 들어가 있는 이 낯선 몸에서 나오고 싶었다. 단지 몸무게만이 아니라 모든 것이 문제였다. 가슴이 욱신거렸고, 있는지도 몰랐던 근육이 쑤셨다. 여전히 산모용 기저귀를 착용하고 있어서 가랑이가 뜨겁고 축축하고 끈끈한 느낌이었다.

남편은 아들을 유아차에 태우고는 집 앞에서 내 사진을 찍었다. 첫 번째 가족 나들이에 나서는 초보 엄마의 모습이 담긴 행복한 사진이어야 했다. 하지만 사진 속에 그런 모습은 보이지 않았다. 헝클어진 머리, 달덩이 같은 얼굴, 눈을 가리기 위해 쓴 커다란 안경, 간신히 맞는 수유용 탱크톱을 뚫고 터질 것 같은 가슴이 보였다. 그리고 임산부용 청바지. 그 빌

어먹을 임산부용 청바지가 눈에 들어왔다. 나는 남편에게 사진을 지울 필요는 없지만, 누군가에게 보내거나 SNS에 올려서는 안 된다고 말했다.

재미있는 점은, 좀 전에 오늘 그 사진과 그 무렵 찍은 다른 사진들을 봤는데 내 인식이 완전히 달라졌다는 것이다. 내 몸매가 엉망이거나 머리가 끔찍한 것 같다는 생각은 들지 않았다. 사실 이런 생각을 했다. 오, 어려 보이는걸! 그 당시 내 마음속에 걸렸던 점은 아무것도 보이지 않았다.

이 시기에 대해 알아야 하는 중요한 점이 바로 이것이다. 자신이 정상이라고 생각하는 산후 몸매를 갖기 위해 스스로에게 압박을 가하고 비현실적인 기대를 걸고 있을 가능성이 높다는 것이다. 그리고 아마도 자신에게 너무 가혹하고, 실재하지 않거나 당신의 생각과는 다른 것을 보고 있을지도 모른다. 나는 아들을 낳고 난 후 내 몰골이 정말 말이 아니라고 굳게 믿은 나머지 거울이나 새로 찍은 사진들을 볼 때면 자동적으로 움츠러들곤 했다. 이제는 안타까울 뿐인데, 아까 말했듯이 지금 그때 사진들을 보면 전혀 흉해 보이지 않기 때문이다. 물론 다크서클도 있고 지친 모습도 눈에 들어온다. 그렇다면 내가 속으로 욕을 퍼붓기 바빴던 그 몸은 어떨까? 지금 보면 당시 내가 생각했던 모습과는 조금도 가깝지 않다. 마음속에서 모든 것을 더 나쁘게 생각했던 탓이다. 나는 어떠한 좋은 점도 볼 수 없거나 보지 않았다. 왜냐하면 내가 해야 할 일을 하지 못한 것 같은 기분이 들었기 때문이다. 예컨대 아기를 낳은 적이 없는 것처럼 보이는 몸을 만드는 일 같은 것 말이다. 나는 그것이 여성들이 따라야 하는 정상적인 경로라고 믿는 데 길들여진 나머지 딴전을 부리는 듯한 내 몸이 미웠다.

하지만 표준은 없다. 우리 몸은 저마다 달라서 각자의 방식으로 회복된다. 나 스스로에게 아량을 베풀 수 있으려면 모든 일을 겪을 수밖에 없다는 사실을 그 순간에는 알지 못했다. 출산하고 즉시 임신 이전의 모습처럼 보이는 것은 물리적으로 불가능하다. 그런 깨달음을 얻을 때까지 기다리지 말자. 나처럼 비참한 기분으로 지내는 일이 많을 테니까.

> ## 초보 엄마 경험담
> 패티 E.

대부분의 여성들과 마찬가지로, 나는 아기를 낳고 난 후에도 여전히 임신한 것처럼 보였다. 출산 후의 내 몸이 마음에 들었다고 말할 수는 없지만, 너무 정신이 없기도 해서 내 몸은 우선순위가 아니었다. 그 당시 산후 우울증을 겪고 있었다는 것을 이제야 알았다. 매일 같이 울고 집 밖으로는 한 번도 나가지 않았을 뿐 아니라 먹지도 않자 살이 빨리 빠지기 시작했다. 너무 빨리 빠졌다. 운동도 하지 않았고 건강에 좋은 음식을 먹지도 않았다. 그냥 우울했을 뿐이다. 식욕이 전혀 없었지만 기운을 차리고 모유 수유를 계속하기 위해 어쩔 수 없이 영양 스무디를 찔끔찔끔 마셨다. 남편은 내 우울감과 식욕 부진이 일종의 산후 기벽이고 결국에는 사라질 거라고 생각했다. 먹는 것을 잊지 않도록 내 스마트폰에 알람을 설정해 주고 내가 좋아하는 음식들을 집에 잔뜩 사다 두었지만, 소용이 없었다. 몸무게가 줄어들자 내 복부가 납작해졌다며 모두 한마디씩 칭찬을 건넸다. "지금처럼 체중 감량을 계속 잘 해봐!"

지금 생각해보면 급격한 체중 감소는 우울증의 징후일 수 있었다. 노력도 하지 않았는데 갑자기 살이 많이 빠진 초보 엄마가 있다면 당사자에게 직접 확인해보자. 당신 덕분에 그 초보 엄마가 도움을 얻을지도 모를 일이다. 또한 여성의 출산 후 몸매에 대해 칭찬하지 말자. 아니, 여성의 몸에 대해서는 아예 언급도 하지 말자.

또한 임신 기간 중에는 수없이 병원 진료를 받으면서 출산 후에는 어떤 합병증이 없는 한 6주 정도는 의사를 볼 일이 없을 거라는 점도 도움이 되지 않는다. 당연히 터무니없어 보이고 위험할 수도 있는 일이다. 미국이 선진국 가운데 산모 사망률이 가장 높다는 것을 고려하면 특히 그렇다. CDC에 따르면 임신 초기부터 출산 후 1년 사이에 발생한 전체 산모 사망 가운데 40퍼센트는 출산 후 42일 이내에 일어난다. 이런 유형의 사망을 유발하는 요인으로는 부실한 산후 몸조리, 경고 신호에 대한 이해 부족과 환자 교육 미비, 진단 누락이나 지연이 있다. 미국에서 초보 엄마들은 산후 검진을 받으려면 보통 6주를 기다려야 하는데, 이로 인해 산후 관련 질환을 뒤늦게 발견하는 경우가 많다.

• 출산으로 인한 상처가 완전히 회복되고 자궁을 비롯한 산모의 모든 신체 기관이 임신 전의 상태로 회복되기까지의 기간을 산욕기라고 하는데, 보통 산후 6~8주 정도이다.

간단히 말해서 감염이든, 회음절개 봉합 실밥이 튀어나왔든, 몸에 이상이 있다거나 몸조리 과정에 문제가 있다는 생각이 들면 6주 후 산후 검진을 받을 때까지 기다리지 말자. 즉시 병원에 전화하자. 나는 늘 병원에서 하는 최악의 말은 모든 것이 괜찮고 치료는 필요 없다는 것이라고 말한다. 언제든 병원에 연락하는 것은 전혀 나쁜 일이 아니다.

이 말인즉, 신생아를 돌보는 중에도 산모는 자신의 건강과 정신적 안정을 책임져야 하고 감정이나 행동, 몸의 변화를 알아차려야 한다.

만약 '어떤 증상'이 있으면 의사와 상의하자. 산부인과 전문의 스털링 박사에 따르면 다음 8가지 증상은 특히 간과할 수 없는 중요한 위험 신호이다.

▸**과다출혈** 퇴원하기 전에 의사에게 어느 정도의 출혈이 과다 출혈로 간주되는지 물어보자. 의사들 대부분은 한 시간 안에 산모용 기저귀 두 장을 흠뻑 적실 정도의 출혈이 있으면 병원에 다시 오라고 조언한다. (물론 주치의는 당신이 좀 더 신중하기를 바랄 수 있다.)

▸**호흡 곤란** 임신 중에 가벼운 호흡 곤란은 흔한 일이지만, 출산 후에는 반드시 해결해야 하는 문제이다. 출산 후에도 호흡 곤란이 지속된다면 폐에 혈전이 생겼거나 심장에 문제가 있다는 신호일 수 있다. 더욱 우려되는 경우는 누워 있을 때 호흡 곤란이 심해지거나 가슴 통증, 두근거림, 기침 등이 동반될 때이다.

▸**38도 이상의 고열** 열이 좀 나는 것이 별문제가 되지 않는 경우도 있지만, 매우 심각한 경우도 있다. 열이 얼마나 심한지는 스스로 판단할 일이 아니다. 산욕기에 열이 나는 경우는 전부 의사와 상의

해야 한다.

▸ **일반의약품으로 해결되지 않는 두통** 심각한 고혈압의 징후일 수 있으므로 반드시 진료를 받아야 한다. 자간전증preeclampsia은 흔히 고혈압을 동반하는 임신 관련 질환으로 빠르게 진행되며 생명을 위협할 수도 있다.

▸ **시력 변화** 별이나 반점이 보일 수 있는데, 자간전증이나 혈압 상승으로 인해 나타날 수 있다. 이 증상은 정상적이거나 미리 예견되는 것이 아니고, 의학적 진단이 필요하다.

▸ **상복부의 새로운 통증** 혈압 문제이거나 자간전증의 또 다른 징후이므로 의학적 진단이 필요하다.

▸ **다리가 아프고 붓는 증상** 혈전의 징후일 수 있다. 이 증상은 종종 한쪽 다리에만 나타나서 한쪽 다리가 더 아프고 붓는다. 특히나 혈전이 폐로 가는 경우에는 생명을 위협할 수 있다.

▸ **산후 우울증** 산후 우울증과 불안은 흔히 나타나는 증상이다. 때로는 불가항력으로 자살 충동이나 살인 충동으로 발전하는 경우도 있다. 나도 모르게 그런 생각이 든다면 즉시 다른 사람에게 알리는 것이 매우 중요하다. 자살 충동이 있는 경우에 이는 절대 긴급 상황이므로 즉시 119에 전화해야 한다.

이 외에도 심각하지는 않지만 신경이 쓰이는 여러 증상이 나타날 수 있다. 혹시 산후 식은땀에 대해 알고 있는가? 나는 몰랐다.

어느 날 아침, 한 시간 남짓 토막잠을 자고 일어났더니 몸이 흠뻑 젖어 있었다. 축축한 정도가 아니라 티셔츠를 벗어서 땀을 짤 수 있을 정도였다. 하다하다 이제 심각한 감염이 생겼나보다고 생각했다.

다행히 열은 없었지만, 무슨 일이 생긴 것 같아 담당 의사에게 전화를 했다. 그녀는 내 몸 전체로 퍼질 것이 확실한 이 심각한 감염을 의논하는 것치고는 너무 태평한 어조로 말했다. "그건 식은땀이에요. 산후 식은땀. 호르몬이 리셋되면서 임신 중 몸에 쌓인 여분의 체액을 땀으로 배출하는 거예요. 정상적인 과정이고 몇 주 지속될 겁니다. 이 증상에 대해 이야기했을 거예요. 혹시 산후조리 안내서 안 읽었나요?"

잠에서 깼을 때 옷을 다 입고 땀 웅덩이에 뛰어든 것 같은 경우에 대해 어떤 것이든 기억하려고 머리를 쥐어짰지만 아무것도 떠오르지 않았다. 그렇다고 내가 준비가 되지 않았다는 말은 아니다. 다만 임신 중에는 상대적으로 짧은 시간 안에 많은 정보를 머릿속에 욱여넣는다는 것이다. 일부 정보는 중간에 빠져나갈 수밖에 없고, 산후 식은땀도 그런 세부 내용 중 하나였던 것 같다.

산후 식은땀은 자는 동안 나는 경향이 있어서 식은땀이라는 용어를 사용하며, 가벼운 수준에서부터 파트너가 혹시 침대에서 실례를 했는지 물어보는 수준까지 다양하다. 내 경우는 상당히 심각했다. 나는 한밤중에 흠뻑 젖은 상태로 잠에서 깨곤 했는데, 침대 시트와 담요도 모자라 남편의 침대 자리까지 식은땀이 번지곤 했다. 나는 정말 얼어 죽을 것 같았다. 마치 몸은 불타는 듯 화끈거리는데 옷은 얼음처럼 차가웠다. 서둘러 마른 옷으로 갈아입고 체온이 조절되기를 바랄 수밖에 없었다. 그래야 남은 시간이 얼마가 되었든 수유 사이의 휴식 시간에 편안하게 잠을 잘 수 있었다.

나는 곧 내 침대 자리에 수건을 까는 법을 터득했다. 수건 두 장을 깔아두고 땀에 젖어 깨어났을 때 젖은 수건 한 장을 벗겨내면 다시 마른 침대가 된다. 또한 손쉽게 마른 옷으로 갈아입을 수 있도록 잠옷 한 벌을 침대 옆에 두었다. 얼굴과 목에 아이스팩과 젖은 수건을 댔고, 집에 있는 선풍기는 죄다 나를 향하게 했다. 목덜미가 땀으로 인해 끈적거리고 머리카락이 젖었다 마르기를 반복해서 뭉쳐진 모습으로 침대에서 일어나는 것이 싫었다.

다행히 산후 식은땀은 일시적이고 몇 주밖에 지속되지 않지만, 다른 산후 증상으로 몸 상태가 좋지 않으면 의사에게 연락하자.

또한 몸에 물리적인 변화가 나타나면서 감정적 동요를 겪을 수 있다. 산후 생활의 이런 면을 묵묵히 견뎌야 하는 것이 어려울 수 있지만, 이는 매우 흔한 일이고 이런 감정이 드는 것은 전혀 잘못된 것이 아니다. 당신의 몸은 강하다는 것을 스스로 상기시키려 해보자. 잠시 멈춰서 당신이 한 일을 곰곰이 생각해보자. 당신은 인간을 창조했다. 작은 생명체를 돌보고 보호해서 이 세상에 데려왔다. 그것은 어마어마한 성과이다. 당신의 몸은 아기가 자랄 공간을 만들기 위해 적응했고, 이제는 임신하지 않은 상태로 되돌아가려고 애쓰고 있다. 마치 내 몸은 이렇게 말하는 것 같았다. "이제 의심은 그만해. 우리는 함께 놀라운 일을 할 테니까."

그리고 우리는 해냈다.

이번 챕터 시작 부분의 내 이야기에서 짐작했겠지만, 나는 내 몸이 한 일을 인정하지 않았다. 가령 더 이상 임부복을 입지 않는 등 지금쯤이면 도달했어야 할 물리적 이정표가 있다고 부지불식간에 믿었고, 내 모습은 그 어떤 이정표에도 전혀 도달하지 않은 것 같아서 정신적으로나 감정적으로 스스로를 자책하고 있었다.

"신체에 대한 슬픔은 현실입니다." 임상 심리학자 모건 프랜시스 박사는 말한다. "사회는 여성들에게 출산 후 이른바 반등 몸매를 갖도록 압박을 가합니다. 가능한 빨리 임신 전과 동일한 모습으로 돌아가야 한다는 메시지를 주는 것이지요. 그것은 대부분의 사람들에게 정상적이지도 않고 가능하지도 않은 일입니다. 사실 많은 여성들은 예전 몸으로 돌아가지 못합니다. 임신과 출산 과정이 신체를 변화시키기 때문이지요. 그리고 그것에 대해 슬퍼하는 것은 정상적인 일입니다."

정확히 무엇이 이런 기대감을 낳았는지 모르겠지만, 굳이 추측해보자면 몇 가지 요인이 얽혀 있을 것이다. 출산 후 불과 몇 시간 만에 드레스와 하이힐 차림으로 나타나는 왕실 사람들의 모습이나 날씬한 출산 후 몸매를 선보이기 위해 비키니 차림으로 찍은 연예인들의 잡지 표지 사진을 꼽을 수 있다. 아울러 출산 직후 몇몇 친구들의 모습을 보고는 대부분은 복부가 바람 빠지듯이 꺼지지 않는다는 것을 알았지만, 땀, 더부룩함, 방귀, 출혈 등 출산 후 나타나는 작은 변화가 그 자체로는 별것 아닌 듯 보여도 합쳐지면 어마어마한 불행의 눈덩이가 될 수 있음을 깨닫지 못했다는 사실도 한몫을 했다.

이제야 나는 드레스와 하이힐 차림에 갓난아기를 안고 있던 왕실의 두 공작부인이 겉으로는 행복한 듯 보였을지 몰라도 속으로는 비참한 기분이었을 거라고 깨닫는다. 우리는 그들이 그런 사진을 찍기까지 어떤 준비 과정을 거쳤는지 보지 못했지만, 아마도 많은 노력을 쏟았을 것이다. 젖이 새는 가슴은 패드로 덮어 수유용 브래지어에 밀어 넣고, 복부는 보정 속옷으로 단단히 조이고, 출혈 때문에 산모용 기저귀를 착용했을 테다. 만약 편안한 신발을 신을 수 있다면 왕실의 보석 일부를 포기했을지도 모를 일이다.

여하튼 그런 모습은 현실이 아니기 때문에 도달할 수 없는 것이다.

전문가 조언

이 시기에 할 수 있는 최선의 일은 당신의 몸이 어떻게 보여야 할지에 대해 아무런 기대를 갖지 않는 것입니다. 신체나 출산 경험은 산모마다 제각각이기 때문에 나를 다른 사람과 비교할 수 없어요. 사회는 모든 산모를 동일한 범주에 넣어 생각하고, 우리는 그러한 기대치에 미치지 못할 때 수치심을 느끼고 실패자가 된 기분이 듭니다. 미디어에서 칭송해 마지않는, 잡지 표지에 실린 연예인의 출산 후 몸매는 어떤가요? 누구에게도 현실적이지 않은 일입니다. 연예인들에게는 그런 모습을 만들기 위해 함께 일하는 전문가 집단이 있을 것이고, 사진은 포토샵으로 가능하니까요. 우리는 마른 것이 곧 건강하다고 믿도록 길들여졌지만 그것은 사실이 아닙니다. 엄마로서 건강하려면 스트레스를 줄이고, 지원 시스템을 갖추고, 제대로 수면을 취하고, 긍정적인 환경에서 지내야 합니다.

●모건 프랜시스, 임상 심리학자·전문 상담치료사

나는 이제 '출산 후 비키니 몸매'에 관한 기사를 보면 민망하다. 어쨌든 한 여성이 해냈다는 사실, 그것이 우리가 주목할 점인가? 정말 넌더리가 난다. 솔직히 말해서 임신, 출산, 임신 4기(여성의 건강 관리가 중요하다고 하는 출산 후 3개월을 말함—옮긴이)를 거쳐 엄마가 되는 것을 '모두'가 해봤다는 이유로 대단치 않게 생각하는 것 같다. 하지만 우리 각자에게는 생소하고 색다르고 비길 데 없는 일이다. 정서적으로나 육체적으로 극도로 힘든 일이다.

우리는 산모에게 축하의 말을 건네야 한다. "넌 대단한 전사야. 너 스스로 해낸 일을 봐!" 출산은 흔한 일이라며 그저 고갯짓으로 알은 척하고는 다음 화젯거리로 넘어갈 일이 아니다. 하지만 우리는 출산하자마자 곧 식스팩 복근을 자랑하는 여성만 응원하는 것 같다.

나는 우리 가족의 첫 번째 나들이를 있는 그대로 즐길 수 없었던 것이 속상하다. 아들과 함께하는 의미 있는 일이었는데, 임부복을 입어야 한다는 생각에 꽂혀서 나들이를 즐길 수 없었다. 내 자신이 너무 싫었고 실패자가 된 듯한 기분이었다. 다시 한 번 나도 모르게 이렇게 묻고 있었다. 다른 사람들에게는 이런 상황이 훨씬 수월하게 지나가던데 왜 나한테는 그러지 않는 거지? 내 장점이 보이지 않았다. '여전히' 임산부용 청바지를 입고 있다는 이유로 내 눈에는 실패자의 모습만 보일 뿐이었다.

그러나 번번이 나는 알지 못했다. 누구에게도 쉬운 일이 아니었다는 사실을 말이다. 나는 출산 직후 복부가 납작해지지 않을 거라는 사실 말고 출산에 관해 자세히 이야기하는 것을 들어본 적이 없었다. 그 대신, 눈에 보이는 출산 과정이 전부가 아니고, 여성은 출산하고 모유 수유를 하고 심각한 수면 부족 상태에 들어가고, 출산 후 일주일 이내에 비키니 몸매를 만들어야 한다고 믿도록 길들여졌다. 사실 우리 모두에게 필요한 것은 건강해지는 일뿐이다. 몸매의 회복 속도를 물어볼 것이 아니라 우리 몸이 해낸 일을 축하받아야 한다. 당신은 완벽하고, 지금 그대로 충분하고, 원래 모습 그대로라는 사실을 기억하자.

초보 엄마 경험담
수잔 E.

내 몸은 임신 중이나 임신 후에 정말로 큰 변화가 없었다. 우선 나는 키가 크고 몸통이 길다. 아기가 자랄 공간이 많았고, 임신으로 배가 그렇게 크게 부르지 않았다. 임신 후기에 접어들었을 때도 사람들은 임신 기간이 그렇게나 되었다는 것을 알고 놀라곤 했다. 출산 후 배가 절반 정도는 들어간 상태에서 퇴원했고, 2주가 지나자 거의 다 들어갔다. 운동도 하지 않았고 식사량을 줄이지도 않았다. 그냥 내 몸이 스스로 한 일이었다.
어느 날 엄마 모임에서 우리는 출산 후 몸매에 대한 이야기를 했다. 나는 내 몸이 실제 전혀 변하지 않은 것에 대한 사람들의 반응이 부담스럽다고 말했다. 그러자 다른 엄마가 말했다. "그럼 할 말이 없는 거네요." 그녀는 농담인 듯 웃으며 말했지만 나는 그 말이 진심이라는 것을 알고 있다. 자랑이나 잘난 척하는 것이 아니라 내 몸이 한 일을 바꿀 수는 없다.

임신 전의 몸으로 빠르게 돌아가는 여성들도 많이 있다. 굶는다거나 아니면 의사의 지시를 무시하고 출혈이 있는 와중에도 운동을 하는 것이 아니다. 그냥 자연스럽게 벌어진 일이다. 유전, 호르몬 등 그 원인이 무엇이든 말이다. 그것이 그들에게는 정상이다. 그렇지만 이 여성들도 수치심을 느낀다. 출산하지 않은 것처럼 보이려고 그들이 범죄라도 저지른 양 생각하는 사람들이 있기 때문이다.

우리는 이길 수 없다. 어느 쪽이든 당신의 몸을 두고 의문 부호가 따라붙을 것이다.

출산 후 엄청난 신체적 변화를 겪는 것처럼 보이게 말한다는 점을 알고 있다. 마치 아기를 낳고 나면 팔이 하나 더 생긴다는 듯이 말이다. 팔이 하나 더 있으면 엄마들에게는 대단히 도움이 될 수도 있겠지만, 그런 일은 벌어지지 않는다. 어떤 변화는 사소하다. 사실 당신만 대부분의 변화를 알아챌지도 모를 일이다. 하지만 사소한 변화들이 합쳐지면 감당하기 버거운 느낌이 들 수 있다. 이해하기 쉽도록 출산 후 신체 변화를 말 그대로 머리부터 발끝까지 나눠서 살펴보자.

머리카락

임신 중에 잘 손질해온 두껍고 풍성한 머리카락은 안타깝게도 영원히 지속되지 않는다. 출산 후 약 4~5개월이 지나면 머리카락이 빠지기 시작하는데, 탈모가 아니라 털갈이인 셈이다. 즉, 반드시 지켜야 하는 머리카락이 아니라 여분의 머리카락이 빠지는 것이다. 머리숱이 스스로 조절되는 것뿐이어서 임신 전보다 머리숱이 줄어들지는 않을 것이다. 임신 중에는 몸에서 에스트로겐이 과잉 생성되며 머리카락의 성장기를 평소보다 오래 지속시키고, 다음 단계인 휴지기와 마지막 털갈이 단계로 진입하는 것을 지연시킨다.

짜증이 난다는 것과 내 머리카락을 발견한 장소(자동차, 주방 싱크대, 출장 중인 남편의 캐리어 안)를 일일이 집요하게 지적하는 남편을 참아야 하는 것 외에 나는 머리카락이 자연스레 빠지는 것을 신경 쓰지 않았다. 하지만 누군가에게는 트라우마가 되는 경우도 있다. 프랜시스 박사도 머리카락이 빠지는 것이 감정적인 문제가 될 수 있다고 말한다.

탈모로 신경이 쓰인다고 해도 자신이 과민반응을 한다거나 호들갑을 떤다고 생각하지 말자. 이는 예상된 일이라는 점을 스스로 계속 상기시키자. 머리카락이 전멸하는 것이 아니라 그냥 자연스레 빠지는 것뿐이다.

얼굴

임신 중에 기미 같은 검은 반점이 나타날 수 있을 뿐만 아니라 산후에도 피부 변화를 겪을 수 있다. 호르몬과 수면 부족에 더해 이제 막 출산을 했고 몸이 회복 중이라는 사실이 피부 변화에 영향을 미치는데, 이러한 변화는 일반적으로 저절로 해결된다. 산후 여드름, 건성 피부 혹은 각질 피부, 지성 피부 모두 흔히 나타나는 변화이다. 얼굴의 청결을 유지하고 물을 많이 마시자. 불편한 수준을 넘어 문제가 지속된다면 산부인과 의사나 피부과 전문의에게 문의하자.

상체

아기가 자랄 공간을 만들기 위해 임신 중 몸이 커짐에 따라 몸통이 넓어질 수 있다. 산부인과 전문의도 흉강이 실제 늘어난다고 말한다. 누구나 이런 변화를 반드시 알아차리는 것은 아니지만, 임신 전에 쉽게 입었던 옷이 더 이상 맞지 않는다는 것을 알게 된다고 해서 놀라고 팔짝 뛸 일은 아니다. 임신으로 몸이 늘어났을 뿐이다.

가슴

임신 중에 가슴이 크다고 생각한다면 기다렸다가 산후에 가슴을 보자. 모유가 돌기 시작하면 가슴은 더 커질 것이다. 아니, 거대해진다. 그리고 며칠 동안 바위처럼 단단해진다. 나는 항상 내 가슴을 화강암 바위라고 표현했다. 초반에는 가슴이 아들의 머리보다 컸다. 젖이 새기도 하고 모유 수유를 하고 나면 한쪽 가슴이 더 커지는 경우도 있는데, 그 차이가 너무 확연히 나서 마치 한쪽은 공기를 빼고 다른 한쪽은 보형물을 넣은 것처럼 보일 수 있다. 하지만 이 시기에 일어나는 대부분의 일과 마찬가지로 영원히 지속되지는 않을 것이다. 몸이 수유와 유축 일정에 적응을 하면 모유 생산도 이에 따라 일정해진다. 모유 수유를 하지 않기로 결정해도 가슴에서는 여전히 모유를 만들 테지만, 몇 주 지나면 마를 것이다. 그렇다고 해도 담당 의사나 수유 컨설턴트와 그 과정을 상의하는 것이 중요하다.

복부

만드는 데 40주가 걸린 것을 하루아침에 원상회복할 수는 없다. 여전히 임신한 것처럼 보일 것이다. 그 작은 난자가 아기로 성장하는 동안 당신의 몸속 장기들이 재배열되고 몸이 커졌다는 것을 기억하자. 우리는 모두 제각각이다. 회복할 때 따를 수 있는 타임라인은 없다. 있는 그대로 자신의 모습일 뿐이고 그 모습은 각자 다르다. 임신 중에 복부의 피부가 늘어날 대로 늘어난 터라 분만 후 피부가 축 늘어진 느낌이 들 수 있다. 이 역시 시간이 지나면 저절로 해결될 수 있지만, 피부의 탄력이 영원히 사라지는 경우도 있다. 임신 중에 생긴 튼살은 여전히 보이지만 시간이 지나면 희미해질 것이다. 산후에 새로 튼살 같은 것을 발견하는 여성들도 있지만, 실제는 줄곧 있었던 것인데 배가 들어가기 시작해서 볼 수 있었을 뿐이다. 그리고 호르몬 변화로 인해 배꼽에서 음부까지 이어지는 흑선linea nigra 혹은 임신선 역시 여전히 남아 있지만, 이 역시 시간이 지나면서 사라질 것이다.

질

출혈이 있을 텐데, 이는 불가피한 일이다. 오로는 3~4일 동안 작은 덩어리와 함께 계속 많이 나오다가 이후 4~12일 정도는 적당히 분비되다가 마지막에는 소량으로 줄거나 얼룩 정도 남기면서 산후 6주까지 지속될 수 있다. 이것은 일반적인 타임라인이고, 여성마다 다를 수 있다. 내가 제왕절개로 출산한 뒤 출혈을 했다는 말을 듣고 얼마나 많은 사람들이 놀랐는지 모른다. 분만 과정과 상관없이 몸에서는 임신 중에 자궁에 쌓인 여분의 혈액과 조직을 제거해야 한다.

회음절개 봉합으로 질이 아플 수 있다. 소변을 볼 때 화끈거리는 느낌이 들거나 대변을 볼 때 당기는 느낌이 들 수 있다. 전쟁 같은 일을 겪었다고 생각해보자. 물론 진정한 전사이지만 한편으로는 연약한 꽃이므로 소중하게 다뤄야 한다. 맞춤 제작한 아이스팩(265쪽 참고) 위에 앉거나 소변을 볼 때 휴지로 닦는 대신 휴대용 비데를 이용해 물을 분사하자. 산후 화장실 용품 세트(264쪽 참고)의 다른 물품도 모두 활용하자.

출산 후 6주 정도까지는 의사가 성관계를 권하지 않을 것이다. 그렇다고 당신이 반드시 성관계를 원할 수도 있다는 의미는 아니다. 출산 후 성관계를 할 준비가 되었다고 느끼는 시기는 사람마다 전부 다르다. 나는 여러 여성들과 이야기를 나누면서 퇴원하는 날 바로 준비가 되었다는 경우부터 절대 다시는 하고 싶은 마음이 들지 않았다는 경우까지 다양한 사례가 있음을 알게 되었다. 그러나 대부분은 나와 같았다. 성생활을 다시 시작하게 되기까지 시간이 좀 걸렸고, 규칙적으로 하거나 그다지 자주 하지 않았다. 하지만 해냈다, 결국에는.

성욕이 낮거나 존재하지 않는다는 것을 깨달을 수도 있다. 자신의 신체 변화가 불편하고 파트너에게 매력이나 성적 욕구를 느끼지 않는 경우도 있다. 게다가 극도로 피로한 상태 역시 도움이 되지 않는다. 내 경험으로는 자유 시간에 성관계를 하고 싶은 욕구보다 잠을 자고 싶은 욕구가 훨씬 컸다. 이런 상황이 지속된다면 의사와 상의하거나 파트너와 손을 잡거나 껴안는 등 성적이지 않은 방식으로 친밀감의 욕구를 충족시키는 방법을 의논해야 한다.

성욕, 즉 성관계를 하고 싶은 욕구가 전혀 줄어들지 않아서 다시 빨리 성관계를 하고 싶어 하는 산모들도 있다. 그들 중 일부는 왜 다른 사람들은 그렇게 느끼지 않는지 이해하지 못하는 듯 보인다. 자신은 아직 준비가 되지 않은 느낌이지만, 파트너를 만족시키고 싶다거나 그렇게 해야 한다는 압박감을 느끼는 경우도 있다. 어떤 상황에 처해 있든 스스로의 감정을 인식하고 그것을 표현하는 것이 중요하다. 만약 성관계 부족이 파트너와의 관계에서 문제가 되고 있다고 느낀다면 그 문제가 마법처럼 저절로 해결될 때까지 기다리지 말자. 당신이 원하는 것과 원하지 않는 것을 파트너에게 솔직하게 밝히자. 의사에게도 알리자. 성관계를 하고 싶지 않거나 불편한 기분이 든다면 사실대로 말하자. 그리고 절대로 누군가 당신이 원치 않는 것을 하도록 강요하게 두지 말자. 당신은 누구에게도 빚진 것이 없다. 성관계라면 더욱 그렇다. 당연히 파트너에게도 마찬가지이다.

전문가 조언

여성들이 아기를 낳고 성관계를 원하지 않는 것은 정상적인 일이에요. 호르몬과 수면 부족이 한몫을 하고, 신체적으로 보면 질이 아주 민감한 상태이니까요. 모유 수유를 하는 동안 에스트로겐 수치가 낮아져 질이 건조해지기 때문이기도 하고요. 스스로에게 물어보세요. 나는 섹스를 즐길 수 있는가? 혹시 성관계를 하는 것이 고통스럽다면 의사와 상의해야 합니다.

●크리스틴 스털링, 산부인과 전문의

발

발이 붓는 증상은 흔하고 정상적이다. 임신 중 체내에 보유된 과도한 체액 때문이거나 분만할 때 정맥주사로 투여된 수액 때문일 수 있다. 다리나 무릎, 얼굴에도 부기가 나타날 수 있고, 심지어는 손과 팔이 붓는 경우도 있다. 출산 후 부기는 일주일 안에 빠져야 한다. 물을 많이 마시고 부기가 빠지는 과정이 원활하도록 나트륨은 피하자. 때로 부기가 기저 질환의 징후가 될 수 있으므로 상황을 파악하고 모니터링할 수 있도록 의사에게 알리자.

임신 중에는 릴랙신 호르몬(임신기에 황체에서 분비되는 출산 촉진 호르몬—옮긴이)이 분비되어 근육, 관절, 인대를 이완시키고 우리 몸이 태아가 성장할 수 있는 공간을 만든다. 발이 넓적해지고 늘어날 수 있으므로 출산 후 더 큰 사이즈의 신발을 구입하게 되더라도 놀라지 말자.

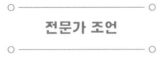

전문가 조언

많은 산모들이 체중 감량을 위해 칼로리를 제한하거나 천천히 제대로 된 식사를 하지 않습니다. 그런데 식사 시간은 평온하고 방해 요소가 없어야 합니다. 그렇지 않으면 코르티솔 수치가 올라가서 스트레스로 이어지고, 소화가 제대로 이루어지지 않습니다. 또 편리하다는 이유로 상온 상태의 포장 음식 혹은 스무디나 샐러드처럼 차가운 음식을 먹는 경우가 많은데요. 따뜻한 음식은 마음을 편안하게 만들고, 보통 먹는 데 시간이 더 오래 걸립니다. 이런 방식으로 식사를 하면 부교감신경계가 활성화되면서 심박수, 체온, 혈압이 정상화됩니다.

초보 엄마라면 최소 하루에 한 끼는 반드시 평온한 분위기에서 음식이 주는 편안함과 따뜻함을 느껴보세요. 아기가 낮잠 잘 때나 밤에 아기를 재운 뒤에 이 방법을 시도하면 좋습니다. 영양가 있는 음식을 섭취하는 데 도움이 되고, 음식과의 관계가 중요하다는 것을 다시금 깨닫게 될 겁니다. 이를 통해 몸에 대한 존중과 신뢰를 다시 확립할 수 있지요. 이 방법은 실제로 자기연민의 한 형태이면서 칼로리 제한과 폭식을 피하는 데도 도움이 됩니다.

●모건 프랜시스, 임상 심리학자·전문 상담치료사

출산 후 내 몸에 대한 감정을 돌이켜보면 스스로를 어떻게 생각했는지에 대해 안타까운 마음이 든다. 내 몸이 해낸 일과 여전히 하고 있는 일에 대한 인내심이 전혀 없었고, 대신 불가능한 것, 즉 이제 막 출산한 여자처럼 보이지 않는 일을 성취하는 데 과도하게 집중했다. 가장 고약한 일은 아무한테도 내 사진을 찍도록 허락하지 않았다는 것이다. 내 모습이 마음에 들지 않았고 두고두고 남을 기록을 만들고 싶지 않았기 때문이다. 예비 엄마 혹은 초보 엄마에게 하고 싶은 조언은 잠시 감정을 제쳐두고 함께 사진을 찍으라는 것이다.

예전 사진들을 뒤적이다 유독 내 후회를 압축해 보여주는 사진을 발견했다. 남편 회사에서 열린 할로윈 파티에서 니모 복장을 한 아들을 남편이 껴안고 있었다. 나는 어떤 사진 속에도 없었다. 왜냐하면 평소 사이즈보다 큰 할로윈 복장을 주문했는데도 맞지 않았기 때문이다. 당시에는 중요한 문제였다. 앞서 말했듯이, 나는 출산 후 이틀 만에 비니키 몸매가 되어야 하고, 그렇지 않으면 사회에서 실패자로 여길 거라고 생각했다.

나는 할로윈 복장으로 입을 만한 게 아무것도 없는 데다 이제는 유니폼 같은 임산부용 청바지에 수유용 탱크톱을 입고 거대한 가슴을 가리기 위해 카디건을 걸쳐야 한다는 사실을 깨닫고 울음을 터뜨렸다. 게다가 눈 밑의 다크서클은 이전과는 차원이 달랐다. 다크서클을 가리려고 메이크업을 짙게 했는데, 슬퍼 보였다. 우리에게는 생후 6주 된 아기가 있었다. 얼마 전 아기를 낳았다는 것을 다들 알았다. 그런데 왜 나는 프라이머로 다크서클을 가리고 메이크업을 해야 한다고 생각했을까?

파티는 정말 예뻤던 걸로 기억한다. 사람들은 또 얼마나 친절하던지. 남편은 그날 처음으로 공중 화장실에서 아들의 기저귀를 갈아줬고, 할로윈 복장을 한 두 부자의 모습은 멋졌다. 하지만 내가 어떤 모습이었는지는 기억나지 않는다. 그 사진들 속에 나도 있었더라면 좋았을 텐데. 나는 결코 그때로 돌아가서 그 상황을 바꿀 수 없다.

제발 내 말을 믿어주기를 바란다. 아기와 같이 셀카도 찍고, 당신이 함께하는 모든 순간을 담아보자. 당시 자신의 모습이 어땠는지 10년이나 20년 뒤에는 신경도 쓰이지 않을 것이다. 당신이 사진 속에 있다는 사실만으로도 기쁠 것이다. 물론 이 시기에는 스스로를 믿지 못하기 쉽다. 더구나 몸에서 벌어지는 수많은 신체적 변화와 감정적 변화로 인해 내가 나처럼 느껴지지 않을 것이다. 그렇지만 자신이 강하고 굳세다고 느꼈으면 좋겠다. 왜냐하면 당신은 실제 그렇기 때문이다.

solution

지금부터 출산 후 몸의 변화가 시작되는 이 시기를 무사히 지나가는 데 도움이 될 이야기를 해줄게요. 몸 상태와는 별개로 이 시기를 즐겁게 보내는 데 많은 도움이 될 거예요.

1   당신의 몸은 놀라운 일을 했습니다

잠시 당신의 몸이 얼마나 중대한 일을 해냈는지 생각해보세요. 아기를 만들고 성장시켜 낳았습니다. 이 말인즉, 질을 통해 몸 밖으로 아기를 밀어냈거나 혹은 복부 절개 등 대수술을 했다는 뜻이기도 합니다. 만약 아는 사람이 그런 일을 겪었다면 무슨 말을 해줄 것 같나요? 아마도 이런 말이 아닐까요. "와, 정말 믿을 수가 없어. 대단해. 넌 전사야." 그렇다면 당신 역시 스스로에게 그런 말을 할 자격이 있습니다. 앞서 수십억 명의 여성이 이 일을 수행했다고 해서 힘들지 않다는 의미가 아니에요. 당신의 몸이 쉬고 회복할 시간을 주세요.

2   당신이 기대하던 모습이 아닐 겁니다

출산 후 당신의 모습이 어떨지 정확히 말해줄 수는 없지만, 당신이 상상하는 모습은 분명 아닐 거예요. 유전적 요인으로 임신 전과 다를 바 없는 모습인 경우도 있지만, 출산 후에도 여전히 임신한 것처럼 보이는 경우도 있으니까요. 저는 단단히 마음을 먹었음에도 불구하고 임신 몇 개월처럼 보일지, 그 상태가 얼마나 지속될 것인지는 생각하지 못했어요. 하지만 출산 후의 몸은 원래 그렇게 보일 수밖에 없고, 출산 후 모습에 대해서는 표준이 없습니다.

3 함께 사진을 찍으세요

사람들에게 아기와 함께 있는 당신의 사진을 찍게 하세요. 아기와 셀카도 찍고요. 사진 속 이미지가 전 세계에 방송될 것도 아니고, 내키지 않으면 지금 당장 그 사진을 볼 필요도 없어요. 하지만 언젠가 당시 헤어스타일이 어땠는지, 무슨 옷을 입고 있었는지 신경 쓰이지 않는 날이 올 거예요. 아기를 안고 있는 자신의 모습을 보고 싶을 뿐인 때가 올 겁니다. 지금의 나는 원하지 않더라도 미래의 나를 위해 사진을 찍어두세요. 분명 미래의 나는 그 사진을 보고 싶어 할 거예요.

4 출산 후 6주 동안 검진이 없을 겁니다

우리 아들은 태어난 지 며칠 만에 소아과 검진을 받았고, 이후 생후 1개월과 2개월이 되었을 때 다시 검진을 받았습니다. 저는 출산하고 6주가 지나서야 검진을 받았는데, 이는 미국에서 흔한 일이지만 잘못된 과정이라고 생각합니다. 6주 동안 많은 일이 벌어질 수 있으니까요. 몸은 회복 중이고, 자궁경부는 닫히는 중이고, 호르몬 수치는 조절 중이지만 여전히 오락가락합니다. 게다가 임신 중에 자간전증이 생겼거나 출산 전에 기저 질환이 있었다면 특히 주의해야 합니다. 출산 후 회복 과정에 대해 우려되는 점이 있다면 주저하지 말고 주치의에게 물어보세요. 당신의 회복을 우선으로 생각하세요.

• 우리나라의 경우 산후 검진은 주로 출산 후 1~2개월 내에 하는 것을 권장하며, 보통 7개 항목(내진, 소변 검사, 빈혈 검사, 관절염 검사, 자궁경부암 검사, 골반 초음파, 감상선 검사)을 검사합니다.

5 자신을 돌보는 것을 잊지 마세요

당신은 전적으로 아기에게 집중하게 될 거예요. 지극히 자연스러운 일입니다. 하지만 적어도 어느 정도는 자신을 우선적으로 생각해야 합니다. 혼자 마트에 가거나 헤어스타일을 바꾸거나 아기와 한 시간 정도 떨어져 혼자서 천장을 멍하니 응시하는 등 거창한 일이든 사소한 일이든 휴식처럼 느껴지거나 기분을 상쾌하게 하는 것은 무엇이든 해봅시다. 엄마들은 너무나 손쉽게 자신과 자신의 욕구를 가장 마지막에 생각하는데, 결코 바람직하지 않아요. 또한 먹는 것을 우선시해야 합니다. 이는 여성의 외모, 특히 출산 후 외모와 관련된 사회적 압력을 고려했을 때 일부 사람들은 이해하기 어려운 개념일 수 있는데요. "우리 몸이 이러한 비현실적인 기대를 충족시키지 못할 때, 우리는 수치스러워하고 실패했다고 느낍니다. 우리는 사회를 비난하는 대신 우리 몸을 비난하고 수치심을 체득합니다." 임상 심리학자 모건 프랜시스 박사의 말입니다. 또한 그는 우리 모두가 정서적인 이유로 먹고, 음식으로 스트레스를 푸는 것은 긍정적인 행위라고 지적합니다. "아기일 때는 그것이 모유든 분유든, 보살펴주는 사람의 품에 안겨 첫 번째 음식을 먹습니다. 그리고 이렇게 음식이 공급되는 동안 우리 몸은 유대감 형성에 도움이 되는 옥시토신 호르몬을 분비합니다. 우리는 기본적으로 타고나기를 음식으로 스트레스를 푸는 존재이기 때문에 먹는 것으로 감정을 푸는 것은 전혀 부끄러운 일이 아닙니다." 자신을 돌보는 것을 잊지 마세요.

6 샤워를 건너뛰는 것이 일반적입니다

매일 샤워하지 않으면 하루를 제대로 보낼 수가 없어서 무슨 일이 있어도 샤워를 하는 사람들이 있는가 하면 그런 욕구를 느끼지 않는 사람들도 있지요. 아기가 태어나면 어떤 것은 포기해야 하는데, 매일 샤워하는 것 혹은 이틀에 한 번 샤워하는 것이 그렇습니다. 매일 샤워를 하지 않는다고 해서 문제될 것은 전혀 없고, 다른 초보 엄마들도 다들 그렇게 합니다. 알다시피 드라이 샴푸, 아기용 물티슈, 샤워 타월, 질 티슈도 그런 용도로 만들어졌답니다.

7 몸에 여러 이상한 변화가 일어날 수 있습니다

머리카락이 빠지고, 피부가 뒤집어지고, 질이 건조해질 수 있어요. 어느 하나 특별히 유쾌하지는 않지만, 모두 산후 회복 과정의 정상적인 부분입니다. 하지만 '정상'이라고 하는 상태가 지속되고 있다거나 어쨌든 불편한 기분이 들면 반드시 의사와 상의하세요. 아기를 낳았다고 해서 당신의 욕구를 외면하거나 건강을 무시해서는 안 됩니다. 당신 역시 중요하니까요.

8 기적의 제품이라는 것에 현혹되지 마세요

당신의 SNS는 출산 전 몸을 되찾게 도와주는 '획기적인' 제품의 광고 게시물로 넘쳐날 거예요. 그런데 당신은 아무것도 잃지 않았습니다. 출산 전 몸을 되찾지 못하는 이유는 그런 몸은 더 이상 존재하지 않기 때문이에요. 당신은 출산 이후 달라지고 발전했고, 당신의 몸도 마찬가지입니다. 게다가 다이어트 약, 파우더 셰이크, 운동 프로그램, 건강보조제, 유료 구독 서비스 등 다양한 방식으로 약속을 할 테지만 기적적인 효과도 없고 누구에게나 다 맞는 것도 아닙니다. 우리는 모두 제각각이고 우리 몸이 필요한 것도 다르니까요. 초보 엄마에게 정말 필요한 건 누군가 지켜봐주고, 이야기를 들어주고, 도와주는 것이죠. 물론 쉽게 혹할 수 있습니다. 사실 저도 그런 적이 있거든요. 그럴 땐 프랜시스 박사의 말을 기억하세요. "정보는 불안을 줄여줍니다. 그래서 우리는 현 상태가 걱정스러울 때 길잡이가 되어줄 무언가를 찾습니다. 비행기에 타고 있는데 난기류가 발생하면 조종사가 와서 무슨 일이 벌어지고 있는지 설명하고 괜찮을 거라고 말해주기를 기대하지요. 출산한 경우에도 마찬가지입니다. 우리 몸에 대해 걱정이 되고 불안해질 때, 우리는 문제라고 생각하는 것을 해결할 방법을 찾습니다. 우리가 다른 사람들을 더 신뢰하게 되는 이유는 그들이 우리에게 희망을 팔기 때문입니다." 그냥 광고 숨기기 버튼을 누르세요.

9 성관계를 하고 싶지도 않고 심지어 스킨십조차 원하지 않을 수 있습니다

당신 때문도 아니고, 파트너 때문도 아니고, 두 사람의 관계 때문도 아니에요. 당신의 몸은 회복 중이고, 호르몬은 여전히 오락가락하고, 이전에는 겪어보지 못한 수준의 수면 부족 상태입니다. 파트너에게 솔직하게 당신의 감정을 알려주고, 만약 몇 개월 후에도 문제가 지속된다면 의사와 상의하세요.

10 지금만 그런 것이지 영원히 그런 것은 아닙니다

이 모든 상황이 한창 벌어지고 있을 때는 그 순간의 감정 이상을 생각하기 어려울 거예요. 일시적으로 그런 것이지 영원히 이렇지는 않을 거라고 스스로 상기하는 것이 중요합니다. "영원히 이런 건 아니다". 하루에도 몇 번씩 스스로 되뇌고, 종이에 적어서 눈에 잘 띄는 곳에 붙여두세요. 볼 때마다 위안이 될 거예요.

정서적
건강

09

산후 우울증, 산후 불안,
산후 분노, 산후 정신증은
무시할 수 없는 현실이다

나는 결코 분노를 예상하지 못했다. 사실 산후 우울증도 내 예상 범위 밖에 있었다. 게다가 우울증을 암흑이나 무기력 또는 자욱한 안개 속을 천천히 움직이는 정도로 짐작했던 것 같다. 우울증은 정말 그랬다. 하지만 나에게는 분노의 순간도 찾아왔다.

나는 분노가 산후 우울증과 함께 올 수 있는 '문제'라는 것을 알지 못했다. 그래서 더더욱 스스로가 폭력적인 형편없는 인간이라는 생각이 들었다. 나는 모두에게 분노 증세를 숨겼다. 미친 것 같아서 누구에게도 말하기 무서웠다. 진심이었다. 그리고 사람들이 나를 비난하거나 내 갓난쟁이 아들을 빼앗아갈 거라고 생각했다.

거의 아무것도 눈에 들어오지 않을 정도로 분노에 찬 순간에도 결코 내 아들과 아들의 안전을 잊은 적은 없었다. '거의 아무것도 눈에 들어오지 않을 정도'라고 말한 이유는 내 아들을 보호해야 한다는 것은 알아차릴 정도의 정신은 분명히 남아 있었기 때문이다. 결코 아들을 위험에 빠뜨리고 싶지 않았다. 내가 상처주고 싶었던 것은 바로 나 자신이었다.

마음속 고통은 나를 바닥으로 끌어내렸고, 나는 몸을 웅크린 채 흐느껴 울곤 했다. 때로 그 고통은 공으로 바뀌어 내 몸 여기저기를 굴러다니면서 어떻게든 내가 그 고통을 밖으로 표출할 때까지 더 많은 고통을 불러일으켰다. 그 공은 결국 내 팔에 도달해서는 주먹 쥔 손까지 미끄러져 내려가곤 했다. 나는 피부를 긁고 머리카락을 잡아당겼다. 고통은 전혀 해소되지 않았다. 나는 아들이 멀리 떨어진 안전한 곳에 있는지 확인하고는 주먹으로 벽을 쳤다.

기분은 나아지지 않았다. 그 공은 여전히 내 안에 있었다.

당장 주먹이 욱신거렸지만 살펴보니 어느 한 군데도 붓지 않았다. 나는 손가락이 하나라도 부러졌으면 좋겠다고 생각했다. 내 마음속 감정을 무색하게 할 정도의 육체적 고통을 불러올 수 있으면 그만이었다. 아니면 아기와 떨어져 있어야 한다고 걱정할 필요 없이 며칠 병원에서 쉬기에 적당한 이유라도 되었으면 했다. 나는 자존감을 잃어버렸다. 내 유일한 가치는 이 아기를 돌볼 수 있다는 것뿐이라고 생각했다. 그러니 최소한 아들에게는 쓸모 있는 존재여야만 했다.

나는 주위를 둘러보며 움켜쥐거나 던지거나 때릴 것을 찾았다. 무슨 일이 있어도 내 몸 밖으로 배출해야 하는 이것을 담을 그릇으로 사용하기 위해서.

플라스틱 컵이 눈에 들어왔다. 샌프란시스코 자이언트, 월드시리즈 챔피언. 내가 정말 좋아하는 MLB 우승 기념 컵이었다.

컵을 벽에 던졌고 깨지는 소리가 들렸다. 그 소리와 함께 내 마음에도 금이 생겼다. 적어도 잠시 동안 고통이 내 몸에서 떠날 틈이 생겼다.

적어도 당분간만이라도.

나는 아들이 태어나기 전이나 태어난 후나 산후 우울증에 대해 아는 게 별로 없었다. 브룩 쉴즈가 몇 년 전 산후 우울증에 관한 책을 썼다거나 기네스 팰트로가 인터뷰에서 몇 차례 산후 우울증에 관해 언급했다는 기억은 있었지만, 그것 말고는 슬프거나 우울한 수준이 다양하겠거니 짐작했을 뿐이다. 출산 후 병원에서 지낸 지 2~3일쯤 되었을 때 사회 복지사가 병실로 찾아와 산후 우울증 이야기를 했지만, 당시에는 사람들이 병실을 드나드는 것이 지겨워서 딴생각에 빠져 있었다. 팸플릿을 건네준 상대방을 생각해서 읽는 척했지만 대충 훑어봤고, 산후 우울증 경고 징후가 있는지 예의주시하겠다고 약속했다. 잠을 좀 잘 수 있게 사회 복지사가 나가기를 바라는 마음으로 모든 말에 알겠다고 고개를 끄덕였다.

그 만남을 다시 되돌릴 수 있었으면 좋겠다고 생각한 적이 수도 없이 많았다. 그랬다면 산후 우울증에 대한 설명을 귀 기울여 듣고, 징후나 증상, 치료 방법에 대해 질문했을 것이다. 또 산후 우울증 때문에 도움을 받으면 아기의 양육권을 잃게 되는 것은 아닌지도 물어봤을 것이다. 두렵기도 했거니와 나의 괴로움에 대해 침묵을 지켰던 이유이기도 했으니까.

아무리 강조해도 지나치지 않는데, 산후 호르몬 변화는 정말 심각한 문제이다. 물론 때로는 산후 호르몬 변화에 대해 농담하는 일도 있다. 웃는 동시에 울고 싶은, 주체할 수 없는 기분이 드는 순간이 정말 있기 때문이다. 그리고 많은 경우 그런 기분은 수면 부족이나 호르몬 변동으로 야기된 상황에 과민 반응하는 것일 뿐 그 이상은 아니다. 하지만 어떤 경우에는 더 심각한 문제의 징후일 수 있다.

산후 우울감baby blues과 산후 우울증postpartum depression은 증상이 서로 비슷할 뿐 아니라 수면 부족의 일부 증상과도 비슷합니다. 산후 우울감의 경우, 자신의 감정을 예측하지 못하거나 상황에 대처하는 방법을 생각하지 못합니다. 물컵을 쏟는 것처럼 평상시에는 개의치 않던 일 때문에 마음이 무너지고 울음이 터질 수 있지요. 산후 우울증에는 절망감과 죄책감이 더해질 수 있습니다. 가장 좋아하는 사탕을 먹어도 즐거움을 찾을 수 없거나 심지어 다른 어떤 것에서도 즐거움을 찾지 못할 수 있습니다. 자신이 기대하고 있는 것이 아무것도 없다는 것을 깨닫기도 하고요. 이러한 감정 중 어느 하나라도 들면 즉시 의사에게 연락하세요.

●크리스틴 스털링, 산부인과 전문의

누구나 한 번쯤은 들어봤을 산후 우울감은 출산 직후 슬프거나 격한 감정에 휩싸이는 초보 엄마들을 설명하기 위해 사용되는 일반적인 용어이다. 그 순간에는 괴롭지만, 산후 우울감은 빨리 지나갈 것이다.

그다음으로 산후 우울증이 있고, 그밖에도 산후 불안, 산후 분노, 산후 정신증이 있다. 모두 심각한 질환이어서 즉시 해결해야 한다. 치료하지 않고 방치하면 자해나 심지어 자살로 이어지는 경우도 있다. 안타깝게도 나는 직접 겪어봐서 알고 있다. 산후 우울증으로 결국 도움을 청하기 전에 나도 생을 마감할 생각을 했었기 때문이다.

출산 후 언제라도 어딘지 이상한 기분이 들면 반드시 의사나 간호사, 출산 컨설턴트 혹은 산후 우울증 상담 전화에 연락하자. 당신에게 도움이 필요하다는 것을 파트너나 가족, 친구가 알아차리거나 수긍할 때까지 기다리지 말자. 그들은 당신이 과장하고 있다고 생각할 수도 있다. 자신의 가족이나 동료 혹은 조언할 자격도 없는 사람의 말을 앞세워 '아마' 괜찮아질 것이고 피곤할 뿐이라는 말을 할 것이다. 그러나 당신의 정신 건강은 운에 맡기기에는 너무나 중요하다.

그럼 아주 흔한 산후 우울감부터 살펴보자. 아기를 낳고 초보 엄마가 어느 정도 슬픔이나 불안을 느낄 가능성은 매우 높다. 정확히 말하면 70~80퍼센트 정도에 이른다. 산후 우울감과 산후 우울증 사이에는 많은 공통점이 있지만, 같은 것은 아니다.

CDC에 따르면, 산후 우울감을 경험하는 여성은 걱정, 불행, 피로감을 느낄 수 있다. 곧 살펴볼 산후 우울증의 증세를 보면 이와 매우 비슷하다. 기억해야 할 두 가지 중요한 차이점은 산후 우울증의 감정이 훨씬 강렬하고 더 오래 지속된다는 것이다.

쉽게 기억할 수 있게 산후 우울감을 '2+2'라고 생각해보자. 산후 우울감 증상은 일반적으로 출산하고 2일 후쯤 나타나서 약 2주가 지나면 저절로 사라진다. 산후 우울증은 그 이상 이어진다.

그렇지만 엄밀히 말해 평균적으로 그렇다는 것뿐이다. 출산 후 몇 시간 안에 산후 우울감을 경험하는 산모들도 있고, 2주라는 기간도 고정불변은 아니다. 만에 하나 2주가 지나도 여전히 이와 같은 감정이 든다면 도움을 청해야 한다.

산후 우울증의 경우, 통계 수치가 다르다. 여성 8명 가운데 한 명은 산후 우울증을 겪는다. 그러나 이 수치는 산후 우울증을 겪었지만 진단은 받지 않는 여성의 수는 감안하지 않은 것이다. CDC의 보고에 따르면 산후 우울증 증상이 있는 여성의 60퍼센트는 임상학적으로 우울증 진단을 받지 않는다고 한다.

산후 우울증 증상은 일반적인 우울증 증상과 비슷하다. 일반적인 우울증 증상으로는 슬프거나 걱정스러운 기분이 지속되는 것, 절망적이거나 죄책감이 들거나 짜증이 나거나 불안한 기분이 드는 것, 집중하기 어려운 것, 식욕이 변하는 것, 지나치게 자거나 잠들지 못하는 것, 자살 충동을 느끼거나 자살 시도를 하는 것 등이 있다. (만약 자기 자신이나 아기에게 해를 끼치고 싶은 기분이 든 적이 있다면 즉시 119로 연락하자.) 하지만 이러한 일반적인 증상 외에 산후 우울증 증상에는 과하게 우는 것, 화를 내는 것, 가까운 사람들에게 거리감을 느끼거나 아기에게 친밀감을 느끼지 못하는 것, 과도하게 걱정하는 것, 불안, 자기 자신이나 아기에게 해를 끼치는 생각이 드는 것, 스스로 아기를 돌볼 수 있을지 의심하는 것 등이 있다.

산후 분노는 산후 우울증의 증상이며 화, 짜증, 분노의 감정이 다양하게 나타날 수 있다.

산후 불안은 단독으로 혹은 산후 우울증과 함께 나타날 수 있다. 초보 엄마의 약 6~8퍼센트가 산후 불안을 겪는데, 이는 보통 출산 후 첫 6개월 동안 나타난다. 하지만 모유 수유를 중단하거나 생리주기가 돌아올 즈음에도 나타날 수 있다. 증상으로는 과도한 걱정, 섣부른 생각, 공황 발작, 나쁜 일이 일어날 것이라는 확신, 수면 장애, 섭식 장애, 가만있지 못하는 것 등이 있다. 메스꺼움이나 현기증 같은 신체적 증상이 동반되는 경우도 있다.

산후 정신증은 아주 드물게 발생하지만 매우 심각한 질환이다. 출산 후 여성 1천 명당 1~3명만 산후 정신증 진단을 받는다. 출산 후 24시간에서 3주 사이에 거의 즉시 발병할 수 있다. 증상으로는 감정 기복, 환청, 자살 충동, 살인 충동, 영아살해 충동 등이 있다. 산후 정신증은 즉시 치료해야 한다.

이러한 산후 정신질환은 모두 약물이나 심리치료 혹은 이 두 가지를 병행해서 치료할 수 있다는 것을 알아야 한다. 또한 같은 상황에 처한 다른 엄마들과 교류할 수 있는 지원 모임도 있다.

초보 엄마 경험담
샤넌 M.

딸 쌍둥이가 태어나는 순간 나는 어딘가 잘못되었음을 알았다. 쌍둥이 중 하나가 심한 배앓이를 해서 날이면 날마다 몇 시간이고 빽빽 울어대는 통에 나는 그 아기가 악마라고 확신하게 되었다. 갓난쟁이 딸과 단둘이 있는 것을 거부했지만 그 아기가 무언가 할 수 있을 것 같은 두려운 존재라는 이유는 아무에게도 말하지 않았다. 나는 아기 스스로 나를 비롯한 다른 사람들을 지배하고 있음을 알고 있다고 확신했고 내가 나서서 어떤 조치를 취해야 한다고 생각하기 시작했다. 마침내 남편과 가족들에게 내 생각을 털어놓자 그런 이야기는 들어본 적이 없다면서 내가 과장해서 말한다는 반응을 보였다. 나는 곧장 의사를 찾아갔고 산후 정신증 진단을 받았다. 약을 복용하고 상담 치료를 받았지만, 지금도 죄책감에 사로잡혀 있다. 의사는 나에게 죄책감을 느끼지 말라고 했다. 왜냐하면 죄책감은 선택에서 비롯되는데, 나는 내 기분을 선택할 수 없었기 때문이다. 슬프지만, 나는 가족보다 페이스북 엄마 모임의 모르는 사람들로부터 더 많은 응원을 받았다. 남편과 나는 함께 상담 치료를 받고 있으며 이 일로 결혼 생활이 거의 끝날 뻔한 상황을 이겨내려고 노력 중이다. 산후 정신증에 대해 알았더라면, 그것이 현실이라는 것을 알았더라면 좋았을 텐데. 엄마가 되는 것이 처음 몇 년은 힘들 수 있다. 언제나 모두 다 아기와 즉시 유대감을 형성하는 것은 아니다.

내 경우는 산후 우울증이 천천히 시작되었다. 즉각 나타나지도 않았고, (물론 나중에는 아니었지만) 산후 우울증이 시작되었을 때도 공처럼 몸을 웅크린 채 주체할 수 없이 흐느끼는 정도는 아니어서 나는 산후 우울증에 빠지면 과하게 우는 정도이려니 했다. 산후 우울증에 대해 아는 것이 별로 없었기 때문일 수도 있지만, 퇴원해서 집으로 돌아왔을 때 나에게 나타난 감정 마비를 총망라해서 산후 우울증이라고 하나 싶었다.

하지만 그렇지 않았다.

나는 난생처음 제왕절개 수술을 받고 회복 중이었다. 슬프고, 지치고, 무섭고, 호르몬의 영향을 받았는데, 신생아가 있으면 당연한 일이라고 생각했다. 그러나 몇 주가 지나면서 절개 부위가 아무는 것은 눈으로 확인했지만, 정서적으로는 여전히 같은 기분이었다.

아들에게 유대감을 느끼지 못했다. 물론 아들을 사랑했다. 그렇지 않겠는가? 아들은 내 아이였다. 너무나 귀엽고 연약한 갓난쟁이 아들이 내 품에 웅크리고 있는 모습을 보면서 내 아이를 보호해야 한다는 강렬한 욕구를 느꼈다. 하지만 아들은 120분마다 젖을 먹었고 성게만큼의 인격도 형성되지 않았다. 당연히 아들을 진심으로 사랑했다. 다만 아직 아들을 몰랐을 뿐이다. 적어도 나는 그렇게 되뇌었다.

나는 곧바로 무관심 상태에 더욱 깊게 빠졌다. 아들에게 젖을 주고 돌보는 역할이 중요하다는 것은 알았다. 하지만 그 일 외에는 슬쩍 빠져 있어도 될 듯싶었고, 내가 제자리를 지키지 않았다는 사실을 아무도 눈치채지 못하거나 신경 쓰지 않는 것 같았다. 나와 아들 사이에는 유대감이 없었다. 나는 아들을 속싸개로 싸는 것에 아주 서툴렀고, 아들은 나 아닌 다른 사람이 안아주는 것을 더 좋아하는 듯 보였다. 돌이켜보면 그렇지 않았다고 생각하지만, 그 순간 나는 마음속으로 그렇게 느꼈다. 젖가슴을 빼면 나는 이 아이에게 쓸모없는 존재였다.

내가 행복했다고는 말할 수 없다. 하지만 나는 아들을 사랑했다. 그 마음을 실현하기 위해 스스로에게 반복해서 말하곤 했지만, 이 새로운 삶과 일상에 갇혀 있는 것만 같았다. 나는 이렇게 되뇌었다. 여성들은 수 세기 동안 이런 일을 해왔어. 이건 틀림없이 정상적인 일이고, 내가 이렇게 거부감이 드는 건 좋은 엄마가 아니기 때문이야.

나는 남편에게 짐을 싸서 아들을 데리고 시어머니 댁으로 가라고 애원했다. 내 생각에는 그것이 최선인 것 같았다. 나는 엄마가 될 수 없을 것이 뻔했기 때문이다. 남편의 무언의 판단이 내 마음을 공허하게 만드는 것 같았다.

남편은 내가 말도 안 되는 소리를 한다며 차분히 말했다. "당신은 피곤한 거야." 나는 생각했다. 아니, 난 형편없는 사람이야.

출산 후 6주가 지나 산후 건강검진 시기가 되었을 때 나는 우울한 상태였다. 하지만 우려할 정도의 증상이 나타나지는 않아서 그대로 지냈다. 이것이 바로 산후 우울증의 문제이다. 산후 우울증은 서서히 영향을 미친다. 좋지 않은 순간도 있고 좋은 순간도 있다. 기분이 좋은 날이 있으면 그렇지 않은 주도 있다. 기분이 좋은 날에는 괜찮다고 스스로 확신하기 쉽고, 심지어 과잉 반응을 보일 수도 있다.

안타깝게도 기분 좋은 날은 결코 오래 가지 않았고 기분이 좋지 않은 날이 다시 찾아오곤 했다. 마치 자신이 먹구름 속에 완전히 잠겨서 되돌아가기에는 너무 늦었다는 기분이 들 때까지 그런 식으로 오락가락한다.

개인적인 판단 기준이 없어서 나는 무엇이 정상인지 몰랐다. 아는 사람 중에 산후 우울증을 겪었던 사람이 한 명도 없었고, 설사 있었다고 해도 당사자는 절대 말하지 않았다. 엄마 역할에 어려움을 겪는 사람은 나밖에 없고 나는 그냥 형편없는 엄마라는 확신이 들었다. 내 아들은 더 나은 보살핌을 받아야 하고, 우리 가족은 내가 없으면 더 잘살 것 같았다. 내가 할 수 있는 일은 모유 수유밖에 없는 것 같았다.

나에게 무슨 일이 벌어지고 있는지 알아차리지 못했기 때문에 처음에는 도움을 요청하지 않았다. 병원에 있는 동안 산후 우울증에 대해 배울 기회가 있었는데, 신경 써서 듣지 않았다. 한 달쯤 지나서야 인터넷에서 산후 우울증 증상을 찾아봤지만, 그냥 잠이 부족한 것인지 산후 우울증 증상인지 파악할 수가 없었다. 한편으로는 알고 싶지 않기도 했다. 누군가에게 말하면 내가 사실이라고 생각하던 것, 즉 산후 우울증이 아니고 나는 엄마가 되지 말았어야 했다는 사실을 확인시켜줄까 봐 두려웠기 때문이다.

신생아가 있으면 잠을 자기가 어렵다. 그러나 막상 쉴 기회가 생겨도 나는 쉴 수 없었다. 불면증이 덮쳤다. 나는 새벽 3시에 면봉을 가지고 바닥 몰딩 청소를 시작했다. 몸을 부지런히 움직일 수 있는 일은 무엇이든 했다. 내가 알지 못했던 산후 우울증의 또 다른 징후였다. 막상 기회가 있는데도 잠을 잘 수 없는 것이다.

남편은 나를 도우려고 애썼지만, 무슨 일이 벌어지고 있는지 전혀 알지 못했다. 남편은 이 문제를 대화로 풀어보려고 했지만, 모든 대화는 내가 엄마라는 이유로 이 순진무구한 아들 곁에서 떨어지지 않으려는 나 자신을 책망하는 것으로 끝났다.

가족들 중 누구도 내가 그런 분노의 순간을 남모르게 겪고 있었음을 알지 못했다. 나는 그것이 정상적인 행동이 아니라는 것을 알았기 때문에 내가 느끼고 겪고 있는 일에 대해 솔직하게 말하는 것이 더욱 꺼려졌다. 정신이 나간 것 같아서 터놓고 도움을 요청하는 것이 너무 두려웠다. 정말로 그랬다. 만약 누군가 알면 나는 내 의지와는 상관없이 병원에 갇히거나 내 아들을 빼앗길 거라고 확신했다.

이후 2개월 동안 나는 도망치고 싶은 마음과 스스로 삶을 마감하고 싶은 마음 사이에서 갈팡질팡했다. 나에게는 둘 다 계획이 있었다. 도망치려면 그냥 길 아래 공원까지 달려가서 잠을 자면 그만이었다. 벤치나

땅바닥이어도 괜찮았다. 그리고 경찰이 다가와 '미친 여인'을 검문하면 나는 말을 못 하는 척할 터였다. 그렇게 해서 구치소에 데려가면 나는 잠을 더 잘 수 있을 거라 생각했다. 돌이켜보니 완전히 망상처럼 보이지만, 나는 이 계획이 나무랄 데 없다고 생각했다.

내가 이 이야기를 털어놓았을 때, 스털링 박사는 즉시 수면 부족이라고 판단했다. "수면이 부족하면 뇌는 우리가 잠들게 하려고 필사적으로 애를 씁니다. 뇌가 스스로를 보호하기 위해 당신이 잠들게 하려고 정신 나간 소리를 하는 겁니다."

더 중대한 계획은 스스로 생을 마감하는 것이었다. 나는 볼일이 있다고 말할 것이다. 그런 다음 차를 타고 나가서 돌진할 벽을 찾을 것이다. 머릿속에서는 모유 수유가 아들의 건강을 위해 아주 좋다는 말만 계속 맴돌았다. 모유 수유는 내가 잘하는 유일한 일인 것 같았다. 그렇다면 나는 아들이 인생을 시작하는 것을 돕기 위해 계속 보살필 것이고, 그러고 나서 계획을 실행할 것이다. 6개월이면 충분할 거라고 결정을 내렸고 마음속 달력에 그 날을 표시했다.

나는 포기하려는 그 날까지 최선을 다해 버텼다. 생을 마감하기로 마음을 먹고 4개월 정도 지난 시점이었다. 아기들이 그러듯이 내 아들도 울고 있었다. 하지만 나는 그 상황을 감당할 수가 없었다. 세상 떠나가라 우는 소리는 내 몸에 이제껏 느껴보지 못했던 물리적 반응을 일으켰다. 내 피부를 벗겨내고 머리카락을 쥐어뜯고 싶었다. 아들을 달래려고 했지만 소용이 없었다. 나는 아들을 아기 침대에 눕히고는 바닥에 엎드려 흐느껴 울었다.

"그만할래, 그만할 거야." 나는 소리를 질렀다. 그리고 삼라만상에게 애원했다. "엄마가 되게 도와줘요. 어떻게 해야 할지 난 모른다고."

아들과 함께 1분 정도 울었는데, 훨씬 긴 시간처럼 느껴졌다.

한바탕 울고 난 뒤 어색하게만 느껴지는 차분한 목소리로 남편에게 전화를 걸었다. "도움이 필요해."

나는 곧장 산부인과 병원을 찾았다. 매니저가 나를 보자마자 말없이 다가와서는 꼭 안아주었다. 나는 흐느껴 울었다. 곧이어 임신 기간 동안의 모든 검사를 지켜봤던, 내가 가장 좋아하는 간호사가 단호박 케이크 한 접시를 들고 나타나서는 명령하듯이 말했다. "먹어요." 나는 시키는 대로 했다. 갑자기 배가 너무 고팠다. 댐이 무너졌고, 나는 어떤 형태의 도움이든 받아들일 수 있었다.

나는 한참을 거기에 있었다. 담당 의사는 내가 자해를 하거나 다른 사람에게 해를 끼치지는 않을 거라고 판단했다. 나는 지난 몇 개월의 상황을 솔직하게 털어놓았다. 산후 우울증이라는 단어가 귀에 들어왔다. 치료 의향을 물었을 때 나는 약물 치료를 해보고 싶다고 말했다.

나는 항우울제를 처방 받았고, 우리는 계획을 세웠다. 남편과 상의해서 낮에 내가 혼자 있지 않도록 부모님이 우리 집에서 함께 지내기로 했다. 나아질 거라는 말을 들었지만, 나 혼자서는 할 수 없었다. 그리고 노력할 일도 아니었다.

그 날이 내 치유의 시작이었지만, 끝의 시작은 전혀 아니었음을 곧 알게 되었다. 약물 치료는 엄청나게 도움이 되었다. 2주 만에 나는 거울 속에서 예전의 내 모습을 보았다. 샤워기에서 뿜어져 나오는 증기로 시야가 흐려지는 것처럼 여전히 다소 흐릿했지만, 예전의 내가 거기에 있었다. 그제야 내가 그 모습을 얼마나 그리워했는지 깨달았다.

나는 상담 치료를 받기 시작했고 내 이야기를 가족과 친구들뿐 아니라 SNS를 통해 모르는 사람들과도 공유했다. 얼마나 많은 여성들이 나와 같은 일을 겪었는지 알고는 충격을 받았다. 외로움을 덜 느꼈지만, 화가 나기도 했다. 왜 이런 이야기를 더 많이 하지 않는 걸까? 내 감정이 유별난 것이 아님을 알았더라면 더 빨리 도움을 구했을까? 나는 아들과 함께하지 못했던 시간들을 생각했다. 아들과 즐겁게 지내지 못하고 시간이 가기만을 바라면서 엄마 시늉만 하며 보낸 지난 몇 개월을.

출산 후 그 첫해의 남은 기간은 온통 우여곡절뿐이었다. 나는 전반적으로 나아졌다. 진심이 담긴 진짜 미소를 지었고, 내 아들에게 사랑을 표현했고, 아들 인생의 매 순간을 온전히 함께했다. 나에게는 딴 세상 이야기 같았던 엄마 역할 하나하나가 이제는 내 일상의 일부가 되었고 감사한 마음이 들었다.

좌절하는 일도 있었다. 하지만 이제 징후를 알았고, 무엇을 살펴봐야 하는지 알았다. 그리고 무엇보다도 내가 무엇을 해야 하는지 알았다. 나는 목소리를 냈고 내 감정에 솔직해졌다. 복용하는 약은 몇 차례 바뀌었다. 실제로는 약이 늘었지만, 신경 쓰지 않았다. 내 머릿속에서 속삭이는 거짓말을 무시하도록 도와주는 어떤 것이 존재한다는 사실에 항상 행복했다. 마침내 내가 좋은 엄마라는 것을 알았다.

산후 우울증 진단을 받은 지 거의 6년이 지났지만, 나는 여전히 약을 복용하고 상담 치료를 한다. 내 정신 건강이 한두 가지 방법으로 고칠 수 있는 질환이 아니라는 것을 깨달았다. 이것은 내가 능동적으로 관리해야 하는 진행형의 여정이다.

초보 엄마 경험담

제이미 R.

아들이 태어난 후 나는 미확진 산후 우울증으로 고생했다. 정말 누군가 나에게 알려주었으면 좋았을 것 같은 한 가지는 산후 우울증 선별검사가 형편없다는 사실이다. 산후 우울증으로 판정받고 싶지 않다면 아주 쉽게 조작할 수 있고, 그렇게 하면 빈틈으로 쉽게 빠져나갈 수 있다. 나는 산후 우울증이라는 느낌이 들었지만, 마음 한편으로는 도움을 받을 정도는 아니라는 생각도 들었다. 건네준 질문지에서 실제 이런 문항도 있었던 걸로 기억한다. "당신의 아기를 신이나 악마가 보냈다고 생각한다면 심각한 산후 정신적 합병증을 앓고 있을지 모릅니다." 나는 잠을 자지 못하거나 울음을 멈추지 못하는 이유에 대해 생각했지만, 내 아들이 사탄이라는 생각은 전혀 하지 않았다. 나는 산후 우울증이 아니니까 잠자코 있으라는 의미라고 결론지었다. 의료진이나 담당 의사가 도움을 줄 수 있지만, 당신이 허락하는 경우에만 가능하다. 도움이나 지원을 받을 정도는 아니라는 생각이 들어도 솔직하게 털어놓아야 한다. 그리고 누군가는 산후 우울증 선별검사를 개선하는 방법을 연구해야 한다.

항우울제를 복용하기 시작하고 1년쯤 지났을 때 의사와 상담한 기억이 있는데, 나는 항우울제 덕분에 내 인생이 여러모로 얼마나 뚜렷하게 변했는지에 놀랐다. 매일 침대에서 일어나고 싶게 만들고, 인생을 사는 것에 그치지 않고 즐기고 싶게 만드는 효능이 얼마나 대단한지 할 말을 잃었다.

"산후 우울증을 두고 항상 자책했잖아요. 당신 잘못이 아니다, 당신 때문에 생긴 것이 아니다, 이런 말을 아무리 많이 들어도 내가 막을 수 있었는데 하고 생각하는 것 같았어요. 이제 산후 우울증이 화학 작용 때문이었다는 것을 알겠어요? 산후 우울증은 당신 때문이 아니라 당신의 뇌 때문이었어요."

친구들이여, 그것은 내가 산후 우울증의 여정을 통해 배운 가장 큰 교훈이었다. 산후 우울증이라는 것을 깨닫는 데도 너무 오래 걸렸고 그것을 인정하기까지는 다시 4년 정도 걸렸다. 이것은 내가 통제하거나 예방할 수 있는 일이 아니었고, 대비하거나 예방하기 위해 내가 했던 모든 일(진단 후 약을 복용하는 것은 제외)에 상관없이 나에게 벌어질 일이었다.

그럼에도 나는 그런 사실을 깨닫는 데 많은 시간과 눈물을 허비했던 것이다.

이제 나는 내가 잘못한 것은 없었고, 산후 우울증은 내 잘못이 아니었고, 내가 예방할 수 있었던 일이 아니었음을 인정할 수 있다. 산후 우울증에 대해 더 많이 알았더라면, 어떤 증상이 나타날 수 있는지 알았더라면, 그런 식으로 생각할 필요가 없었다는 것을 알았더라면 좋았을 텐데 싶다. 이것이 바로 내가 다른 사람들과 공유하고 싶은 것이다. 그러면 다른 누구도 내가 겪었던 일을 견딜 필요가 없을 테니 말이다.

치유의 여정을 시작하는 것이 항상 쉬운 것은 아니다. "산후 우울감일 뿐이야." 아기를 낳은 후 그다지 행복한 기분이 아니라고 솔직하게 말하는 여성들이 흔히 듣는 말이다. 그리고 이것은 우리가 항상, 특히 산후의 정신 건강을 강조하는 매우 중요한 또 다른 이유이다. 자신의 이야기를 공개적으로 밝히는 사람들이 많아지면서 상황이 나아지고는 있지만, 대부분의 경우에 사회는 여전히 정신 건강 장애를 받아들이거나 이해하는 데 적극적이지 않은 모습이다. 당신을 외면하거나 나쁜 조언을 할 가능성이 높다. 그러므로 당신의 정신 건강과 아기가 태어난 후 자신의 기분이 어떤지 주의 깊게 살펴보길 바란다. 정상적이라고 느끼지 않거나, 그런 기분이 2주 이상 지속되거나, 심지어 제정신이 아닌데 그 이유를 꼭 집어낼 수 없다면 도움을 구하자. 나는 가까운 곳에서 무료로 도움을 얻기 위해 국제산후조리지원협회Postpartum Support International를 이용했다. 협회에서는 엄마들을 위해 다양한 서비스를 제공한다. 상담 전화 서비스(영어와 스페인어 지원)를 이용하거나 온라인 지원 모임에 가입하거나 협회의 다양한 자료를 읽거나 지원 단체를 찾거나 지역 지원 코디네이터와 연락할 수 있다. 지역 코디네이터는 당신이 지역에서 받을 수 있는 모든 도움을 직접 연결해준다. 나는 산후 우울증 치료 전문 상담사를 찾는 데 도움을 받았고, 덕분에 인생이 달라졌다.

> ▶ 우리나라의 경우, 지역 보건소에서 모자보건 사업(산후 우울증 관련 전화 상담 서비스)을 실시하고, (사)한국산후관리협회에서도 산모의 정서 지원을 한다.

아기가 다칠 수 있다는 침투적 사고intrusive thought(자신의 의지와는 무관하게 떠오르는 원치 않는 불쾌한 생각—옮긴이)는 산후 기분 장애에서 흔히 나타납니다. 당신이 해야 할 일은 그럴 때 기분이 어떤지 스스로 살펴보는 거예요. 일반적으로 침투적 사고가 나타나면 매우 당혹스럽습니다. 산후 우울증이 더해지면 죄책감으로 이어지고 수치심의 굴레에 빠질 수도 있고요. 하지만 산후 정신증이 더해지는 경우에는 걱정을 유발하거나 누군가를 화나게 하지는 않습니다. 무의식적으로 떠오르는 이런 생각은 두려움이 아니라 현실입니다.

●크리스틴 스털링, 산부인과 전문의

solution

열이 나는 것도 아니고, 기침을 하는 것도 아니고, 아파 보이지도 않기 때문에 사람들은 제가 실제로는 괜찮다고 판단하더군요. 그런 사람들에게 나도 다른 이들처럼 아프고 도움이 필요하다는 사실을 결코 납득시킬 수 없다는 것을 깨닫는 데는 오랜 시간이 걸렸습니다. 그럴수록 나를 믿고 응원과 도움을 건네는 이들의 말에 집중하기 위해 노력했어요.

정신 건강에 대한 사람들의 인식을 바꾸는 것은 당신의 책임이 아닙니다. 당신이 해야 할 일은 건강해지는 것뿐이에요. 다시는 어떤 엄마도 산후 우울증을 겪을 일이 없기를 바라지만, 불가능하다는 것을 알고 있습니다. 막을 수 없다면 적어도 대비는 할 수 있었으면 좋겠어요. 미리 알아두면 도움이 될 산후 우울증 관련 팁을 정리했습니다.

1
산후 우울감은 현실입니다

물론 산후 우울감은 일시적이지만, 그렇다고 이 질환이 실제가 아니라는 의미는 아닙니다. 출산 후 처음 몇 주 동안 자신의 정신 건강을 유의해서 살펴보세요. 스스로 통제할 수 없는 다양한 감정이 들더라도 스스로에게 관대해집시다. 우울이나 불안 혹은 '나' 같지 않은 듯한 감정이 든다면 언제부터 그랬는지 기록하세요. 2주 이상 지속되면 도움을 청합시다.

2
산후 우울증 또한 현실입니다

가슴 아픈 말이지만, 저와 이야기를 나눴던 수많은 여성들은 파트너나 가족으로부터 산후 우울증이 실제가 아니라는 말을 들었습니다. 누구도 다시는 그런 말을 하게 두지 맙시다. 산후 우울증은 치료가 필요한 진짜 질환이에요. 이 문제를 혼자 감당할 필요가 없습니다. 도움과 지원을 제공하는 다양한 네트워크를 활용하세요.

3 도움을 구하는 것도 나쁘지 않아요

엄마로서 우리는 자신의 욕구를 맨 끝에 두는 경향이 있습니다. 저도 종종 시간이 없다거나, 그렇게 중요하지 않다거나, 해야 할 일이 많다는 이유로 정작 나에게 필요한 일은 외면합니다. 그런데 당신이 건강하지 않으면 모든 것이 엉망이 될 거예요. 나 자신을 우선해야 합니다. 어딘가 이상하다는 생각이 들면 의사와 상담하세요. 보험이 없거나 병원에 추가 진료를 받을 여력이 되지 않는다면 산후관리협회에 연락해보세요. 당신이 이용할 수 있는 프로그램을 연결해 줄 거예요.

4 당신은 형편없는 엄마가 아니고 이것은 당신 잘못이 아닙니다

뇌에서 하는 거짓말에 귀 기울이지 마세요. 산후 우울증은 사람을 따져가며 나타나는 것이 아닙니다. 산모라면 누구나 위험에 처할 수 있어요. 당신이 산후 우울증을 일으켰던 것도 아니고, 당연히 산후 우울증에 걸려야 하는 것도 아닙니다. 당신은 훌륭한 엄마예요.

5 정신 건강에 대해 이야기하기는 어렵습니다

정신 건강을 둘러싼 적절치 않은 낙인이 있습니다. 이 문제를 현실이라고 생각하지 않는 사람들이 있는가 하면, 어쨌든 스스로 자초한 일이니 감정을 마음대로 차단할 수 있다고 생각하는 사람들이 있죠. 심지어 논의조차 받아들이지 않으려는 사람들도 있습니다. 당신의 치유 여정이 쉬울 거라고 말할 수 있으면 좋겠지만, 그렇지 않습니다. 도움을 요청할 힘을 내기 위해 당신이 가진 모든 능력을 사용해야 할 수도 있고, 그러고 나면 의구심을 보이는 누군가를 마주할 수도 있습니다. 알겠지만, 틀린 것은 그들이에요. 당신의 건강을 위해 계속 노력합시다. 이미 이런 일을 겪어봤고 당신을 믿어주는 사람들을 찾게 될 거예요.

6 아는 사람들 중에 산후 우울증을 겪었거나 겪고 있는 경우가 얼마나 많은지 알면 놀랄 거예요

마치 아무도 들어가고 싶어 하지 않는 비밀 클럽 같지만, 일단 당신이 클럽 회원이라는 것을 다른 사람들이 알게 되면 당신만 회원이 아니라는 것을 금방 알아차릴 겁니다. 저는 거의 매일 산후 우울증 동지들과 SNS에서 교류하고 있어요. 당신은 혼자가 아니에요.

7 약물 치료를 두려워하지 맙시다

정신 건강을 둘러싼 낙인은 약물 치료까지 이어집니다. 너무 화가 나는 지점이에요. 당뇨병 환자에게 매일 인슐린을 투여하지 말고 운동하고 햇볕을 쬐고 상담 치료를 하라고 말할 수 있나요? 당연히 그렇지 않습니다. 그렇다면 왜 사람들은 정신 건강과 관련한 약물 치료에는 난색을 표하는 걸까요? 우리 각자는 사정이 다르고, 치료 방법 역시 마찬가지입니다. 약물 치료로 좋지 않은 경험을 했다는 사람의 이야기 때문에 흔들리지 맙시다. 당신을 위한 맞춤 치료 계획이 세워질 거예요.

8 당신이 치료 방법을 선택할 수 있어요

정신 건강 장애는 약물로만 치료할 수 있다는 오해가 있습니다. 저의 경우에는 약물 치료를 했지만, 약물 복용을 하지 않고 치료를 하는 사람들도 있습니다. 산후 우울증을 치료하는 방법은 무수히 많고, 상담 치료, 지원 모임, 운동, 명상, 식단, 지역사회 참여 등 여러 방법을 조합하는 것이 일반적이에요.

9 모든 사람이 이해하는 것은 아닙니다

산후 우울증과 정신 질환이 실제이거나 심각한 문제라는 것을 결코 받아들이지 않는 사람들이 있습니다. 다행인 점은 그런 사람들을 교육하는 것이 당신의 일은 아니라는 거예요. 제가 산후 우울증 경험담에 관한 글을 셀 수 없이 썼는데도 여전히 제 주변에는 산후 우울증을 '그렇게' 나쁘다고 생각하지 않는 사람들이 있습니다. 심지어 내가 잊었다고 생각했던 '그 문제'를 어떻게 얻었는지 묻는 사람도 있었죠. 그러면 감정이 상하곤 했지만, 그들의 의견이 저의 치유 과정에 아무런 영향을 미치지 않는다는 걸 깨달았습니다.

10 당신의 아기는 행복한 엄마를 가질 자격이 있습니다

당신의 정신 건강이 중요하다는 생각이 아직도 들지 않는다면 당신의 아기를 떠올려보세요. 아기에게는 엄마의 가장 좋은 모습을 보여줘야 합니다. 여기에는 산후 우울증에 대한 도움을 받는 것도 포함됩니다. 당신 자신을 위한 것이 아니라면 당신의 아기를 위해 도움을 받으세요.

나는 목소리를 냈고
내 감정에 솔직해졌다.
그리고 마침내 내가
좋은 엄마라는 것을 알았다.

당신과 당신의 아기는
언제든 도움을 받고
행복해질 자격이 충분하다.

원치 않은
조언에
대처하기

10

시어머니는
소아과 의사가 아니다

"아기가 밤에 잠을 자지 않으면 양배추 삶은 물에 목욕을 시켜봐. 바로 곯아떨어질 테니까. 근데 목욕시키기 전에 잊지 말고 양배추는 건져내고."

나는 예의상 웃어넘기기 전에 이 말이 농담이 아님을 깨달았다.

평생 알고 지낸 이웃 할머니에게 나의 임신 소식을 알리자 그녀는 94세라는 나이에 비해 놀라울 정도로 세게 나를 안아주며 기쁨의 눈물을 흘렸다. 그러고 나서 이 양배추 목욕을 포함해서 생각나는 모든 육아 팁을 줄줄이 내놓기 시작했다. 고마우면서도 돌아가신 우리 할머니가 더욱 그리워졌다. 내가 먼저 조언을 구하지도 않았고 그 육아 팁 대부분은 내가 결코 시도하지 않을 것처럼 보였지만, 나는 그것이 애정에서 비롯된 것임을 알았다.

대부분의 경우에 이런 조언은 좋은 의도에서 하는 것이지만, 충분한 이유 없이 항상 거리낌 없이 말하는 사람들이 있다고 말해도 무방할 것 같다. 그들이 실제로 '좋은 조언인 척 누군가에게 해보라고 할 수 있는 가장 해로운 일은 무엇일까?'하고 생각한다는 말은 아니다. 그런 식의 행동은 소시오패스와 비슷하다. 그러므로 우리가 언급하는 사람들이 '임상적으로' 잔인한 것이 아니라 가끔 불쾌할 뿐이라고 생각하자.

이들 입장에서는 단지 당신이 무엇을 하고 있는지 모른다거나 당신의 육아 방식이 잘못되었다는 뜻으로 요청하지도 않은 조언을 하는 것뿐이다. 당신의 기분을 상하게 하는 것 외에는 아무런 이유도 없고, 공교롭게도 그것이 바로 이들이 목표로 하는 결과이다.

당신이 아는 일부 사람들은 속 좁고 질투심이 많거나 완전히 비열할 수도 있는 것이 냉혹한 현실이다. 그리고 그것은 당신에게 아기가 있다고 해서 바뀌지 않을 것이다.

비열한 사람들은 차치하고, 배려가 넘치는 사람들이 최대한 선의로 한 경우라고 해도 당신이 결코 청하지 않은 이런 조언들이 속을 더 긁을 수가 있다. 실제로 엄마들 사이에서 가장 일반적인 불만 가운데 하나는 원치 않은 조언을 받는 것이다.

이 말이 다소 이기적으로 들릴 수 있다. 사람들은 단지 도우려는 것뿐인데, 그게 뭐가 그렇게 나쁜가? 실제로 그렇게 단정할 수 있는 문제가 아니기 때문이다. 게다가 대부분의 경우에 이 요청하지도 않은 조언을 누가, 언제, 어떻게 그리고 무엇을 해보라고 조언하는지도 관련이 있다.

당신이 그 조언을 듣든 말든, 아기는 괜찮을 것이다. 당신 주변에는 아기를 매우 사랑하는 선의의 가족들과 친구들이 있다. 하지만 원치 않은 그들의 조언 때문에 미칠 지경이 되기 전에 대응 전략을 세울 필요가 있다.

친정 엄마, 시어머니, 할머니, 이모 등 풍부한 경험이 담긴 조언을 건네는 사람들은 수십 년 전에 출산을 했고, 이후 많은 것이 바뀌었다. 우리에게는 한층 발전된 관습과 도구가 있다. 우리는 많은 것을 터득했고, 상황은 달라졌다.

더구나 모든 아기는 저마다 다르다. 어떤 아기와 부모에게는 대단히 효과적인 방식이 다른 아기와 부모에게는 어마어마한 붕괴의 서막이 될 수도 있다. 즉, 요청한 것이든 그렇지 않은 것이든, 조언을 받으면 자신과 아기의 특성과 필요 사항에 따라 필터링을 해야 한다는 뜻이다.

누구도 아기 돌보는 방법을 입 밖에 내지 않게 하자. 여기에는 인터넷 상의 모르는 사람들뿐 아니라 당신과 가장 가까운 사람들도 포함된다. 시대는 바뀐다. 아기들은 달라진 것이 없지만, 우리가 아기를 돌보는 방식은 발전한다. 누구도 다른 식으로 말하게 두지 말자.

사람들은 돕고 싶어 한다. 조언에서 그치지 않을 수도 있다는 말이다. 요청하지도 심지어 원하지도 않는 과도한 양의 장난감, 옷, 유아용품 등을 받을 수밖에 없는 입장에 처할 수도 있다. 당신은 당신 아이의 엄마이고, 당신 집에 두는 물건의 최종 결정권은 당신에게 있음을 잊지 말자. 나답게 살면서도 다른 사람들의 선의를 존중할 수 있다.

임상 사회복지사LCSW 레슬리 와서만은 이렇게 말한다. "요청하지도 않은 조언은 사람들이 스스로 무언가 알고 있다고 생각할 때 기분이 좋아지는 것에서 기인합니다. 좋은 의도에서 이루어지는 경우가 많지만, 실제 도움이 되고 싶은 욕구 때문일 수도 있지요. 하지만 상대방에게 조언이 필요한지 확인하지 않는다면 문제가 될 수 있습니다."

먼저 원치 않은 조언이 기분 나쁜 이유를 살펴보자. 도움이 될 만한 제안에 불과한 듯한 말에 발끈하게 되는 이유를 파악하는 것은 궁극적으로 우리의 반응을 제어하는 데 도움이 될 수 있고, 더 불필요한 감정적 스트레스를 받지 않는 것을 기대할 수도 있다. 짜증이나 열을 내기보다는 이 괴팍한 사람이 무슨 말을 하든지 당신을 성가시게 할 테니 화낼 가치가 없다거나, 혹은 그런 조언을 너무 많이 들어서 잔소리처럼 느껴질 뿐이지 조언 자체에 화가 난 것이 아님을 스스로에게 상기시키자.

많은 엄마들과 이야기를 나눈 후, 요청하지도 않은 조언이 우리를 화나게 만드는 주요 이유를 정리해봤다.

비판하는 것 같다

누군가 조언을 구하지 않는다면 조언이 필요하지 않다고 생각하기 때문일 수 있다. 그런 경우에 달갑지 않은 제안이 마구 쏟아진다면 자신이 잘못하고 있다거나 개선이 필요하다는 말을 듣는 기분이다.

상황을 통제하려는 것 같다

이런 반응은 흔히 가족이나 가까운 친구들이 끼어들어서 자신들의 의견을 따르라고 고집을 부릴 때 나타나기 쉽다.

잘난 체하는 것 같다

이것은 말투나 말솜씨와 많은 관련이 있지만, 일반적으로 조언을 청하지도 않았는데 어떤 것을 해야 하는 방식을 거리낌 없이 말하는 것은 상대로 하여금 무시당하는 기분이 들게도 한다.

잔소리하는 것 같다

어떤 형태의 조언이든 똑같다. 반복해서 언급하면 잔소리처럼 느껴지기 시작한다. 애초에 조언을 원하지 않았다면 특히 그렇다.

스스로 문제를 해결하고 싶어 하는 이들이 있다

나는 모르는 점이나 궁금한 점이 있으면 믿을 수 있는 사람에게 물어보곤 했다. 반면에 남편은 몇 가지 문제는 스스로 해결하고 싶어 했다. 누군가 불청객처럼 끼어들어서 무엇을 하라고 말하면 남편은 기회를 빼앗긴 것처럼 느꼈다.

조언을 하는 사람에 따라 달라질 수 있다

모든 시어머니들을 난처하게 하고 싶지 않다. 정말 다정한 시어머니들도 많지만, 여성들 대부분이 원치 않은 조언의 출처로 시어머니를 가장 많이 꼽았기 때문이다. 그리고 만일 그 관계가 처음부터 좋지 않다면, 당신에게 조언을 건네는 바로 그 사람 때문에 조언이 거슬릴 수 있다.

부부싸움을 일으킬 수 있다

특정한 조언이든 아니면 일반적으로 요청하지도 않은 조언이든, 두 사람 중 어느 한 사람만 시도해보자는 입장이라면 의견 충돌과 언쟁의 촉매제가 될 수 있다.

틀릴 수도 있다

조언을 건네기 전에 팩트체크를 할 필요가 없다는 점을 기억하자. 아기를 낳았거나 아기를 본 적이 있다는 이유만으로 아기에 대해 모든 것을 안다는 의미는 아니다. 그리고 분명 당신의 아기에 대해 제일 잘 아는 것도 아니다. 내 아기는 내가 제일 잘 아는 법이다.

걱정이나 불안 혹은 우울한 감정을 자극할 수 있다

피드백을 더 잘 받아들이는 부류가 있다. 그냥 무시하고 넘어가버리는 식이다. 반면에 피드백에 몹시 신경을 쓰고, 무엇을 해야 한다는 말을 들으면 비난으로 받아들여서 정신 건강에 영향을 받는 부류도 있다.

분노를 유발할 수 있다

만약 누군가 지속적으로 당신에게 요청하지도 않은 조언을 한다면 그 사람을 믿을 만한 아기 전문가로 보기 시작하는 일은 없을 것이다. 아마도 짜증이 나거나 심한 경우에는 그런 억지 도움에 분노하고 말 것이다.

> ### 초보 엄마 경험담
> 카렌 C.

내 딸은 자주 딸꾹질을 했다. 엄마 말에 따르면 아기들이 딸꾹질을 하는 이유는 단지 춥기 때문이다. 나는 엄마의 생각은 시대에 뒤처지고 틀렸다고 계속 맞섰지만, 우리는 딸아이를 충분히 따뜻하게 해주지 못하고 있다는 말밖에 듣지 못했다. 엄마는 몇 번이나 히터를 틀고 갓난쟁이 딸에게 옷을 겹겹이 입혔다. 심지어는 내가 낮잠을 재우고 나오자 엄마가 몰래 들어가 딸에게 담요를 덮어주는(안전한 수면 관습에는 반하는 일이다) 모습을 아기 모니터로 본 적도 있었다. 우리가 무슨 말을 해도 엄마는 계속했다. 그러다 어느 날, 엄마에 대한 짜증이 호르몬 변화와 수면 부족과 충돌하여 나를 벼랑 끝으로 내모는 바람에 나는 참지 못하고 말았다. 엄마는 소리를 지르며 되받아쳤고 우리는 둘 다 울었다.

만약 다시 할 수만 있다면 나는 엄마와 다투고 언쟁을 벌이는 상황에서 이기려고 애쓰는 대신 처음부터 명확한 경계를 설정했을 것이다. 엄마를 사랑하고 엄마가 도와주는 것에 감사하지만, 만약 우리가 동의하지 않은 방식을 고집하려 든다면 엄마가 육아에서 손을 떼야 한다고 말했을 것이다.

원치 않는 조언을 구하고 있다면 임신을 해야 하고, 만약 그런 조언이 질리지 않는다면 아기를 낳아야 한다는 말이 있다. 나는 그런 경우를 직접 체험했기 때문에 이 말이 사실임을 전적으로 보증할 수 있다.

남편과 나는 부모가 되면서 두 가지 커다란 어려움에 직면했다. 아들이 잠을 자려고 하지 않는 것과 나의 산후 우울증이 악화된 것이다. 친구에게 조언을 구하는 것부터 책을 읽거나 다른 엄마들과 온라인에서 이야기하는 것까지 내가 할 수 있는 일은 모두 해보려고 노력하는 동안 남편은 자신이 아는 모든 사람을 붙잡고 이야기를 한 모양이었다. 그리고 남편이 토론의 문호를 개방하자 생뚱맞은 제안이 쏟아져 들어왔다.

남편은 갈피를 잡지 못했다. 그럴 수밖에 없었다. 이제야 이해가 간다. 남편은 지금 벌어지고 있는 일에 대한 아무런 실마리나 안내서 없이 도움을 청하기 시작했다. 친구들, 가족들, 직장 동료들에게. 너무 절박한 나머지 식료품 매장에서 조언을 구했을지도 모른다. 남편의 노력을 두고 비난할 수는 없지만, 선의를 가진 사람들의 이 '도움'은 앞서 언급한 대부분의 이유로 인해 내가 '멘붕'에 빠지는 데 크게 기여했다. 모든 사람이 나를 형편없는 엄마라고 생각하고 비난하는 듯한 기분이 들었다. 남편과 나는 일을 처리하는 방법을 두고 의견이 엇갈리기 시작했고, 이 모든 것은 내 우울증을 키웠다.

처음에는 서서히 새어 들어왔다. 대부분은 관찰에 입각한 의견이었다. "피곤하구나." "신생아는 다 잠을 안 잔다고 하더라." "시간이 지나면 나아질 거야." 이와 같은 말은 전부 '당연하지' 카테고리에 쉽게 분류했다. 이미 우울증의 수렁에 빠져 들어가고 있었을지 모르지만, 나조차도 그런 말이 다 사실이라고 생각했기 때문이다.

그럼에도 불구하고 나의 우울증과 아들의 수면 문제가 좀처럼 나아지지 않자 남편은 집에 들어오면 조언을 늘어놓기 시작했다. 우울증 문제를 두고 나는 이런 주옥같은 조언을 들었다. "운동을 해야 해." "더 심각한 우울증을 겪는 사람도 있어. 당신은 정말로 힘든 것은 아니라는 사실을 깨달아야 해." "햇빛이 도움이 될 거야. 밖에서 시간을 좀 더 보내 봐." "행복해지려고 노력해 봐." 나에게는 전부 불가능한 일처럼 느껴지는 조언이었다. 옷을 입는 데도 체력이 엄청 소모되는데, 어떻게 스포츠센터에 가서 더 힘을 쓸 수 있다는 걸까? 아들을 데리고 밖으로 나가 해를 향해 고개를 들고는 어떻게든 우울증이 햇빛으로 치유되고 삶의 의지가 회복되기를 기대했다. 하지만 그런 일은 결코 일어나지 않았고, 모든 사람이 나보다 엄마 역할을 더 잘한다는 확신만 들었을 뿐이다.

나한테 실패자 같은 기분이 들게 한 것은 우리가 다른 방식으로 육아를 해야 한다고 말한 사람들이었다. 우리가 아들의 방을 너무 따뜻하게 혹은 너무 춥게 해놓는다, 배고픈 채로 재운다, 재우기 전에 제대로 달래주고 편안하게 해주지 않는다 등등. 그중 최고는 내가 젖을 너무 많이 먹인 탓에 아들이 버릇없어지고 혼자 자려고 하지 않는다는 말이었다.

그다지 나아진 점이 없었고, 남편은 우리의 사정을 아무에게도 숨기지 않았다. 그는 지금의 상황이 우리의 뉴 노멀이 될까 봐 상황을 이해하려고 고군분투했을 뿐이다. 그럴 때마다 사람들은 내 우울증에 그럴듯한 이유를 붙이려고 애썼다. 어느 날은 남편이 기대에 차서 집에 돌아왔다. 이번에 이야기를 나눈 사람과 함께 내 문제의 근본 원인을 찾았다는 것이다. "당신은 엄마 역할이 쉬울 거라고 생각했던 거야. 그런데 아닌 거지. 그래서 제대로 준비가 되지 않았고 충격을 받았을 뿐이야. 엄마 역할이 진정 얼마나 힘든 일인지 적응하게 되면 더 수월해지겠지. 아, 그리고 아기가 울면 그냥 울다가 잠들게 내버려둬야 한다더라고."

진심이야? 나는 남편의 눈을 유심히 들여다보며 농담이라고 말하기를 기다렸다. 하지만 희망의 눈빛밖에 보이지 않았다. 남편은 마침내 나에게 무슨 일이 벌어지고 있는지 그 답을 찾았다고 생각했다. 그뿐만 아니라 우리 가족의 문제를 해결하는 방법이 실제로는 꽤나 간단하다고 생각했다.

그 순간 나는 정색하고 남편에게 더 이상 사람들의 말, 특히나 전해들은 말을 듣고 싶지 않다고 말했다. 누군가 내가 엄마가 될 준비가 되지 않았다고 생각한다면 나한테 직접 말하라고 했다. 남편이 나에게 관련 책이나 제품, 홈페이지, 기사에 대해 말해줄 수는 있겠지만, 더 이상 이런 말을 하는 일은 없을 터였다. "내가 아무개한테 애기를 했는데, 아무개 말이 당신이 할 일은…"

나는 또한 담당 소아과 의사가 "넘어갈 듯이 우는 것"은 말할 것도 없고 우리 아들이 수면 훈련에서 몇 개월 뒤쳐져 있는 데다 침대에 혼자서 그 작은 머리통이 울리도록 악쓰며 울게 내버려두어서는 안 된다고 분명하게 말했음을 남편에게 상기시켰다. 그리고 남편과 함께 일했던 남자의 전 처제에게는 그런 방법이 효과가 있었는지 관심 없다고 말했다. 우리는 잘 알지도 못하는 사람들의 이름도 모르는 친척들의 말을 들을 게 아니라 우리 주변 전문가들의 말에 귀 기울여야 한다고 말이다.

우리 사회 때문이든, 아니면 인간의 본성 때문이든, 우리는 상대방에게 의견이나 조언을 건네고, 무엇을 해야 할지 단호하게 말해주고 싶은 충동에 휩싸인다. 심지어 그렇게 해서는 안 되는 경우에도 말이다. 물론 햇빛을 보거나 운동을 하거나 포옹을 하거나 반려견을 키우는 것이 도움이 될 때도 있지만, 더 많은 도움이 필요한 상황도 있다. 조언 없이 누군가 자신의 문제에 대해 이야기하는 것을 들어주는 것만으로도 괜찮다. 그 사람이 직접 조언을 구한다면 언제든 이렇게 말하는 방법도 있다. "어, 내가 잘 아는 문제는 아닌 것 같아서 말이야. 의사나 전문가와 상의하는 게 좋을 거 같아."

우리가 받았던 모든 원치 않은 조언에 어떻게 대처했으면 좋았겠냐는 질문을 종종 받는다. 나는 남편이 사람들의 말을 귀 기울여 듣지 않았거나 적어도 나에게 단 한 마디도 전해주지 않았더라면 좋았을 것 같다. 남편 스스로 이건 아닌 것 같다고 깨닫고 내가 전문가의 도움을 받게 했더라면 좋았을 텐데 싶다. 물론 지금은 당시 남편이 이런 것은 '진짜 문제'가 아니라는 말을 듣고 있었다는 사실을 알지만, 나는 '아기가 모든 관심을 받고 있어서 유별나게 행동하고(남편과 이야기한 누군가의 말을 그대로 인용한 것이다)' 있었을지도 모른다.

또한 사람들이 선을 넘지 않았다면 좋았을 것 같다. 물론 돕고 싶어 했던 그들의 마음은 이해한다. 하지만 이것은 그들의 권한 밖의 일이고 이 문제에 대해 조언할 자격이 없다는 것을 모르는 걸까? 만약 누군가 우리의 상황이 '단지' 피곤해서 그런 거라고 정당화하며 자신이 해결하려고 나서는 대신 우리를 의사와 상담하도록 떠밀었다면 나는 훨씬 더 빨리 치유 과정을 시작할 수 있었을 것이다. 어떻게 삶을 마감할 것인지 계획하기 전에 도움을 얻었을 수도 있다. 나는 그런 기억을 안고 살 필요가 없거나, 아니면 우울증의 혼란 속에서 길을 잃은 채 아들과 함께 있는 모든 시간에 대해 죄책감을 짊어질 필요가 없었을 것이다. (항상은 아니더라도 이 죄책감은 오래도록 나를 떠나지 않을 것이다.)

만약 나에게도 낯설게 느껴지는 상황을 두고 어떻게 해야 하냐는 질문을 받는다면 그냥 모른다고 답해도 괜찮다는 것을 기억하자. 솔직하게 말하고 상대방이 곧장 전문가에게 가도록 도울 수 있고, 도와야 한다. 산후 우울증이든, 암이든, 변속기 결함이든, 도움을 줄 수 있는 전문가들이 있다. 그리고 당신이 해야 할 일은 그 사실을 알려주는 것뿐이다.

남편과 내가 이 요청하지도 않은 조언 문제에 대해 무시하거나 혼자만 알고 있는 것으로 합의를 보고 나자 상황이 나아지기 시작했다. 나는 남편과 대화할 때마다 더 이상 불쑥 불안감이 드는 일이 없었기 때문에 마음이 편안해질 수 있었다. "누군가 이렇게 해야 한다더군." 식의 의견은 없을 것임을 알았기 때문이다. 결과적으로 나는 남편에게 짜증을 내지 않았고, 우리 사이에 흐르는 묘한 긴장감이 없으니 대화가 훨씬 즐거워졌다. 남편이 나에게 원치 않은 조언을 전하고 그로 인해 내가 즉각 남편의 말을 막는 대신에, 우리는 해결책을 찾기 위해 함께 노력했다.

물론 아들의 수면 문제는 수면 코치의 도움을 받을 수 있을 만큼 클 때까지 별로 나아지지 않았고, 내 산후 우울증은 내가 한계점에 도달해 의사와 상의하기 전까지 진단이 내려지지 않았다. 하지만 우리가 받았던 온갖 원치 않은 조언으로 이 두 가지 문제 중 어느 하나라도 '해결'되었을 거라고는 생각하지 않는다. 내가 엄마로서 준비되지 않았을 뿐이라는 갖은 조언이 아니었더라면 나는 의사와 더 빨리 상의했을 수도 있다고 생각한다. 아마도 우리는 내가 겪는 어려움이 정상적이지 않다는 것을 더 일찍 깨달았을지도 모른다.

여자친구의 어머니는 내가 본 가장 멋진 실무형 엄마이자 할머니이다. 우리는 그녀를 '내니 포핀스(소설 《메리 포핀스》의 주인공인 마술사 보모 메리 포핀스를 빗대어 표현함—옮긴이)'라고 부른다.

우리 딸은 태어났을 때 나무랄 데가 없었다. 하지만 안아주지 않으면 쉬지 않고 빽빽 우는 바람에 절대 내려놓지 못하고 밤에는 여자친구와 내가 교대로 안고 지냈다. 내니 포핀스는 우리에게 어리석게 굴고 있다고 말했다. 아기가 빽빽 우는 것은 별일 아닐 뿐더러 울면 아기의 폐가 튼튼해지기 때문에 유익한 일이라고 했다. 지금 울게 놔둔다면 앞으로 호흡기 감염에 덜 걸릴 거라고 말이다. 우리는 내니 포핀스의 지시를 따랐다. 하지만 딸아이가 그렇게 울어대니 마음이 아팠다. 결국 여자친구는 딸아이를 들어 안았고, 울어야 폐가 튼튼해진다고 해도 어쩔 수 없다고 했다. 나는 내니 포핀스도 딸의 심정을 알고 말했을 테니 다시 시도해봐야 한다고 고집을 부렸다. 그 결과 우리 셋 모두 울고 말았을 뿐이다.

다음 날 소아과 진료에서 우리는 딸아이의 곧 건강해질 폐 이야기를 꺼냈다. 의사는 우리에게 동정 어린 미소를 지으며 말했다. "생각해보자고요. 우리 폐는 근육이 아니라서 늘어날 것이 없어요."

그 일이 있은 뒤에도 내니 포핀스는 원치 않은 조언을 멈추지 않았지만, 나는 더 이상 귀 기울여 듣지 않았다.

solution

요청하지도 않은 조언을 완전히 피할 방법은 없습니다. 선한 의도임에도 종종 참을 수 없는 육아 훈수의 충격을 완화하기 위해 당신과 파트너 모두가 할 수 있는 일을 정리해볼게요.

1 아기가 태어나기 전에 계획을 세우세요

임신 중에 저와 남편은 원치 않은 조언에 대해 깊이 생각해본 적이 없었습니다. 그래서 아들이 태어난 후 그런 문제가 생겼을 때 전혀 준비되어 있지 않았죠. 만약 당신과 파트너가 이 문제에 대해 한 번이라도 대화를 한다면 승기를 잡은 셈이에요. 일반적으로 원치 않은 조언에 대해 어떤 생각이고 어떻게 대처하고 싶은지 상의합시다. 아기가 태어난 후에도 반드시 다시 한 번 이야기합시다. 원치 않은 조언이 마구 쏟아질 때이니까요.

2 가장 가까운 사람들과 솔직하게 대화하세요

정공법을 선호하지 않는 저도 직계가족이나 절친한 친구들에게는 솔직하게 말합니다. 만약 '가벼운 제안'을 받는 일에 대해 생각이 확고하다면 어떤 식으로든 상대방이 알게 합시다. 먼저 요청한 경우가 아니라면 절대 아무 말도 듣고 싶지 않거나, 반대로 상대방의 조언이나 의견을 듣고 싶을 수 있습니다. 저는 상대방에게 아기가 있을 때 최대한 입을 다무는 편인데요. 한 친구는 제가 자신에게 어떤 조언이든 할 수 있다는 걸 알았으면 좋겠다고 분명하게 말하더군요. 친구의 그 말을 듣지 못했다면 저는 아마도 절대 조언을 하지 못했을 거예요.

3 할 수 있다면 내버려두세요

이상적인 세상에서는 누군가 우리에게 유아차를 잘 미는 방법을 말해줬을 때 고개를 끄덕이며 알려줘서 고맙다고 할 겁니다. 그러고 나서 그 조언을 받아들이거나 잊어버리겠죠. 이런 것에 더 능한 사람들이 있습니다. 저는 무슨 말을 했든 상관없이 어떤 사람들의 말은 잊어버릴 수가 없지만, 양배추 목욕 같은 조언은 그냥 넘길 수 있습니다. 조언 중 일부라도 대충 보아 넘기려고 해보세요.

4 출구 계획을 세웁니다

요청하지도 않은 조언을 받을 것이 분명하다면 대화를 끝내거나 화제를 바꾸기 위해 할 수 있는 말을 미리 마련해둡시다. 즉석에서 생각해내는 것이 어렵다면 더욱요. "조언 고마워요. 근데 병원 예약 시간에 늦을 거 같아요." "그거 재밌네요. 그나저나 택배 훔쳐간 것 같다고 한 이웃과는 무슨 일 없었어요?" 초점을 다시 상대방에게 맞추는 것은 대화의 방향을 바꾸는 좋은 방법입니다.

5 단도직입적으로 솔직하게 말하세요

저는 대립을 피하고 가능하면 상대방의 감정을 상하게 하지 않으려고 가장 복잡하게 이야기하는 사람입니다. 그래서 자기감정을 드러내고 생각하는 것을 있는 그대로 말하는 사람들에게 감탄하죠. 만약 당신이 그런 사람이라면 그 기개를 이용해 상황에 정면으로 대처해보세요. 확실한 표현으로 감정을 드러내면서도 예의 바른 답변은 이렇습니다. "제안 고마워요. 정말 소중한 경험인 거 같네요. 하지만 전 제 방식대로 해보고 싶어서요. 필요할 때 전화로 조언을 구해도 될까요?"

6   집에서는 침묵의 서약을 합니다

요청하지도 않은 조언에 대해 당신의 감정뿐 아니라 파트너의 의견도 고려해야 합니다. 한 사람은 문제 삼지 않을 수 있지만, 다른 한 사람은 전혀 신경 쓰고 싶지 않을 수 있으니까요. 그런 상황이라면 대화 유예를 고려해볼 수 있습니다. 말하자면 원치 않은 조언에 대한 이야기를 하지 않을뿐더러 특히 누군가 해보라고 조언했을지 모를 어떠한 것도 파트너와 공유하지 않는 겁니다.

7   파트너를 위해 기록해두세요

요청하지도 않은 조언의 문제가 타이밍인 경우가 있습니다. 저는 특히 피곤하거나 스트레스를 받으면 달갑지 않은 의견을 들어줄 마음이 없어지더라고요. 하지만 충분히 휴식을 취하고 머리가 맑을 때는 감정 관리를 훨씬 잘합니다. 남편은 사람들이 해준 이야기를 전부 말해주는 대신 적어두기 시작했는데, 정말로 큰 도움이 되었습니다. 아기 때문에 완전히 멘붕에 빠져 있을 때 "내 사촌이 그러는데 당신이 이런 걸 해야 한다고 그러더라고." 하는 말을 듣는 일이 없어졌으니까요. 대신 여유가 있을 때 남편이 기록한 그 내용을 읽곤 했습니다.

8   익명을 유지합니다

많은 경우, 요청하지도 않은 조언에 대해 마음에 들지 않는 점을 하나만 꼽으라면 그 조언을 해주는 사람일 겁니다. 당신이나 파트너가 보기에 특정 인물이 당신을 자극한다면 조언을 듣고 싶지 않은 사람의 목록을 만드는 것을 고민해보세요. 그러고 나서 파트너의 목록에 오른 누군가 아기 키우는 법에 관해 말하기 시작하면 집으로 달려가 전부 다 말하는 일은 없도록 합시다. 아니면 적어도 누가 말했는지는 알려주지 말자고요.

9 허락을 구하세요

요청하지도 않은 이 모든 조언의 가장 큰 문제는 내가 엄마로서 제 역할을 하지 못해서 그런 조언을 받고 있는 듯한 기분이 들게 한다는 거예요. 많은 엄마들도 여기에 공감합니다. 경고 없이 훅 들어오는 대신, 먼저 물어만 봤어도 그런 조언을 듣는 데 훨씬 열린 마음이었을 거라고요. 대부분 들을 준비가 되어 있고 적당히 여유가 있을 때 이 문제에 더 잘 대처합니다. "누가 그러는데 우리가 이렇게 해야 된대."라고 말하는 대신 "재미있는 이야기를 들었어. 당신도 들어볼래?"라고 말해보세요.

10 서로의 입장을 맞춥니다

조언은 그 요청 여부와는 별개로 문제를 일으킬 수 있습니다. 부모 중 한 사람은 시도해보려고 하고 다른 한 사람은 그럴 생각이 없다면 말이죠. 화내는 상황을 피하려면 같은 입장을 갖거나 미리 경계를 정하는 것이 중요합니다. 이 역시 아기가 태어나기 전에 대화를 나눠야 하는 중대한 문제입니다. 만약 둘 중 한 사람은 어떤 것을 해보고 싶지만 다른 한 사람은 그러고 싶지 않다면 어떻게 할 것인가? 각자 거부권을 가질 것인가? 예를 들어 "문제가 일주일 후에도 지속되면 이 방법을 시도해보자."처럼 일정한 타임라인에 동의할 수도 있을 겁니다.

친구 관계
탐색하기

11

절친이 아기를
좋아하지 않는다면

한밤중에 깨어나 아들에게 모유 수유를 하며 인스타그램을 보다가 절친한 친구 두 명이 호텔 로비처럼 보이는 곳에 앉아서 웃고 있는 사진을 발견했다. 사진에는 #연례_우정_여행이라는 해시태그가 붙어 있었다. 다른 경우라면 친구들의 얼굴을 봐서 반가웠겠지만, 이번에는 가슴이 철렁했고 눈물이 차올랐다. 마음이 아프고 소외감이 들었다. 그 연례 여행은 지난 6년 동안 나도 함께했기 때문이다. 평소 우리가 여행을 갔던 시기에 내 아들이 생후 75일 정도 되던 참이라 그해에는 모두가 여행을 건너뛰려나 보다 싶었는데, 내 생각이 틀렸던 것이다. 무슨 일이든 건너뛰고 있는 사람은 나뿐이었고, 나만 그것을 몰랐다.

내가 무슨 잘못을 했기에 친구 둘 중 하나 혹은 둘 다 나한테 화가 났는지 생각해보려 애썼다. 문자 메시지에 몇 번 답장을 하지 않은 것이 고작이었다. 하지만 문자 메시지가 많지도 않았고, 게다가 나는 이제 막 아기를 낳은 터였다. 그리고 그들 자신도 엄마였다. 비록 당시 아이들이

고등학생이기는 했지만.

　나는 표현은 다르지만 못마땅하기는 마찬가지인 댓글을 수없이 썼다 지우며 눈물을 흘렸다. 그들이 이런 일을 벌였다는 것에 충격을 받았다. 누구나 주말여행이 필요하고 단지 내가 아기를 낳았다는 이유로 다른 이들의 인생도 멈춰야 하는 것은 아니라고 애써 생각했다. 그런데 왜 말이라도 해주지 않았던 걸까? 나는 정공법에 서툴러서 결국 마침표도 없이 재미있게 지내라는 댓글만 달고 말았다. 그럼 내가 얼마나 화가 났는지 알게 되겠지!

　다음 날 아침, 단체 채팅방에 메시지 알림이 여러 차례 울렸지만 차마 읽어볼 엄두가 나지 않았다. 분명 더 이상 나와 친구로 지내고 싶지 않다는 내용의 메시지를 줄줄이 올렸을 것 같았고, 나는 아직 그 상황을 마주할 준비가 되지 않았기 때문이다. 무슨 상황인지 정확히 모른 채 다 괜찮은 척할 수 있는 지금 상태 그대로 있고 싶었다.

　마침내 채팅방의 메시지를 읽었다. 보고 싶다, 함께 있으면 좋을 텐데 같은 내용이 길게 이어져 있었다. 내년에는 다 같이 가자는 메시지도 있었지만, 왜 나한테 올해 여행을 간다는 말을 하지 않았는지에 대한 해명은 없었다. 더 구체적으로 말하면 나 없이 여행을 간 이유에 대한 해명은 없었다. 나는 그들이 여행을 간 줄도 몰랐다고 최대한 정공법으로 대꾸했다. 그다지 직접적이지는 않았지만, 내 속마음을 알렸다.

　곧 장문의 메시지가 도착했다.

　"답장을 읽고는 네가 올 수 없겠다고 생각했어. 네가 미안해하거나 아기를 두고 오는 건 마음이 좋지 않아서 그냥 말하지 않는 게 좋겠다 싶었어!"

두 친구는 내 감정을 배려하려고 노력했다. 주말 내내 친구들의 문자가 왔다. 내가 보고 싶다거나 내 아들에 대해 묻거나 내가 없으니 여행이 재미있지 않다는 등의 내용이었다. 친구들의 노력은 고마웠지만 내가 수년 동안 쌓아온 친구 관계에 대해 서글프고 불편한 마음이 들었다.

전문가 조언

당신이 아기를 낳고 난 후에 연락이 뜸한 것 같은 친구들이 있을지 모르지만, 그렇다고 해서 친구들이 당신에게서 멀어지는 것은 결코 아닙니다. 사실 이런 상황에서 우리는 실제보다 훨씬 좋지 않은 경우를 상상합니다. 친구들은 당신에게 아기와 함께 적응할 시간적·공간적 여유를 주거나 당신의 연락이 오기를 기다리는 것일 수 있어요. 사생활을 침해하는 기분이 들지 않으면서 어떻게 당신에게 다가갈지 방법을 모를 수도 있고요. 어떤 상황에서는 당신이 주도적으로 나서야 합니다. 쉬운 일은 아닐 거예요. 하지만 상황에 대해 걱정이나 불안을 안고 사는 것보다 상황 파악을 하고 앞으로 나아가는 편이 훨씬 낫습니다.

●레슬리 와서만, 임상 사회복지사

임상 사회복지사 레슬리 와서만은 이렇게 말한다. "당신이 신생아의 부모가 되면 주변 사람들 중 누군가는 당신에 대해 지레짐작하게 될 텐데, 어쩔 도리가 없습니다. 당신이 예전에 했던 일을 할 시간이 없거나 더 이상 관심이 없을 거라고 미뤄 생각하고, 전화나 문자 메시지, 모임

초대의 빈도가 차츰 줄어들거나 어떤 경우에는 연락이 완전히 끊어질 거예요."

다시 말해, 아기를 낳은 후에 어떤 친구 관계는 달라질 것이다.

가장 가까운 사람들과 당신 사이의 관계를 모욕하는 것도 아니고, 모든 인간관계가 출산 직후 결딴날 거라는 뜻도 아니다. 아기가 등장하면서 실제 더 탄탄해지는 관계도 있을 것이다. 그러나 인생에서 가장 커다란 변화 중 하나를 겪고 난 후에 모든 것이 전과 같지 않을 것이라는 현실은 피할 수 없다. 당신 역시 이전과 같지 않을 것이기 때문이다.

"신생아가 있으면 아기에게만 신경을 쓰는 것이 지극히 당연합니다. 아기의 생명을 지키는 사람은 바로 당신이니까요. 안타깝게도 그 순간 어떤 친구들의 상황은 당신과 다를 수 있습니다. 누구의 잘못도 아니지만, 이것이 당신이 처한 현실입니다."

당신의 삶이 앞으로 어떨지에 대한 암울한 예상을 의미하는 것도 아니고, 출산을 하면 친구가 하나도 남지 않는다는 말도 아니다. 당신이 새로운 현실에 적응하면서 상황이 바뀌는 것뿐이다. 당신은 잘못한 것이 없고, 아무도 당신을 싫어하는 것이 아니고, 당신에게만 해당되는 상황이 아니라는 것을 꼭 기억하자. 모든 초보 엄마는 어떤 식으로든 이런 경험을 하기 마련이다.

로스쿨 시절 친하게 지낸 친구들 무리가 있었다. 우리는 적어도 한 달에 한 번은 정기적으로 모이곤 했다. 하지만 내가 임신 소식을 알리자마자 나는 단체 채팅에서 제외되기 시작했고 언제 모이는지조차 알 수 없었다. 계속 연락하고 지내려고 애썼지만, 이런 말밖에 듣지 못했다. "우리 밤늦게까지 있을 텐데, 넌 피곤할 거야." "지금은 술도 못 마시잖아." 아기가 태어난 후에 그들 중 단 한 명도 나에게 연락하지 않았다.

나는 친구 관계에도 시기와 단계가 있음을 깨달았다. 학창시절의 친구 관계는 졸업하면 끝날 수 있다. 직장에서의 친구 관계는 같은 회사에 있는 동안만 이어진다. 그리고 아이들의 나이와 취미활동 종류에 따라 계속해서 새로운 엄마 친구들을 사귀게 될 것이다. 공통의 유대감을 뛰어넘어 지속되는 친구 관계를 맺는 것은 대단한 일이다. 하지만 우리는 예외일 가능성이 더 높을 때 그것이 항상 규칙이 될 거라고 생각하는 것 같다. 삶의 변화는 당신의 친구 관계를 변화시킬 것이다. 엄마가 된다는 것은 커다란 변화이다.

우리는 그다음 주부터 평소처럼 단체 채팅을 다시 시작했다. 나는 내 아들이나 엄마 역할에 관한 이야기가 아닌 친구들의 사는 이야기에 집중하려고 의식적으로 노력했다. 때때로 친구들이 내 생활에 대해 물었

지만, 나는 그것이 별 뜻 없는 의례적인 말이고 정작 아들의 위산 역류 등 내가 했던 말에는 별다른 반응이 없었음을 깨달았다.

서로의 메시지가 뜸해지기 시작했다. 나에게는 할 일이 수백만 가지나 있었고, 그 시점에서 거의 무의미하게 느껴지는 인간관계에 노력을 쏟는 일은 내 목록에서 맨 아래에 있었다. 우리는 인생에서 각자 다른 지점에 있었고 어쨌든 우리 사이에 벌어지는 틈을 메울 만한 것을 찾을 수 없었다. 결국 우리의 단체 채팅은 생일 축하나 명절 인사로만 한정되었다. 우리의 삶은 다른 방향으로 흘러갔고 한때 우리를 이어줬던 것들은 별로 중요하지 않게 되었다. 내가 원했던 것은 아니었지만, 때로 성장한다는 것은 인생에서 어떤 사람들과 멀어지는 것을 의미한다.

당신이 할 수 있는 최선의 방법 중 하나는 엄마가 된 초기에 친구들에게 있는 그대로 솔직한 모습을 보여주는 것이다. 당신의 생각과 감정을 알려주자. 완전히 지치고 어찌할 바를 모르겠다면 친구들에게 말하자. 주위의 모든 사람들은 당신의 행복과 건강을 빌고, 새 가족이 생긴 것을 축하하고, 앞으로도 당신에게 좋은 친구이기를 바랄 뿐이다. 하지만 지금 당장 당신에게 필요한 시간적·공간적 여유를 주면서 동시에 이 모든 것을 해내는 방법을 알아내는 데 정해진 법칙이 있는 것은 아니다.

부담스럽게 막 들이대는 듯한 느낌이 드는 친구들이 있는가 하면 당신이 연락할 때까지 조용히 기다리는 친구들도 있을 것이다. 대화의 빈틈을 채우기 위해 추측이 난무하는 경우도 많다. 그리고 사실을 추측으로 대체하기 시작하면 우리의 의사소통은 중단된다. 추측할 여지를 남기지 말자. 솔직해지자.

너무 지치고 우울하다는 이유로 수개월 동안 전화나 문자 메시지를 피했더니 나 하나 때문에 친구 관계가 엉망이 된 듯한 죄책감이 들어서 문자 메시지 하나를 써서 여러 사람에게 보냈다. 산후 우울증을 앓고 있고, 그들을 무시하는 것이 아니라 아직 사람들 앞에 나설 마음의 준비가 되지 않았을 뿐이라고 모두에게 알렸다. 그러자 모두가 엄청나게 나를 이해하고 응원해주었다. 그들의 반응에 가슴이 벅찼다. 모두에게 더 빨리 문자 메시지를 보냈더라면 좋았지 싶었다. 그랬다면 내 슬픔과 죄책감도 많이 덜고 친구들이 느꼈던 혼란과 걱정도 덜어줄 수 있었을 것이다.

와서만의 말마따나 친구 관계는 유연해야 하고 역경을 견딜 수 있어야 한다. "기브 앤 테이크가 필요합니다. 때로 우리는 다른 이들보다 더 현재에 집중할 수 있고, 우리의 관계라는 것도 더 자주 어울릴 수 있을 때 쉽게 제자리로 돌아오는 것을 확인합니다. 그리고 주위 사람들이 좋은 친구가 아닐뿐더러 당신 곁에 있어 주지 않는 경우도 있습니다. 그런 일은 아기를 낳는 것처럼 삶의 변화가 있어야 깨달을 수 있습니다. 어느 시점이 되면 이 친구 관계가 양쪽 모두에게 도움이 되는지 자문해봐야 합니다. 만약 도움이 되지 않는다면 다른 관계에 노력을 집중하는 것을 고민하고 넘어가야 합니다."

이런 말할 필요가 없으면 좋겠지만, 아기를 낳고 난 뒤에 친구 관계에서 한 명 이상이 지인으로 사라질 것이다. 전혀 유쾌한 일은 아니지만, 어떤 친구 관계에서는 자연스러운 과정이다. 우리 인생에 사람들이 들고 나는 데는 이유가 있고, 처음에 서로 가까워졌던 이유가 더 이상 존재하지 않거나 모두 혹은 어느 한 사람에게는 더 이상 중요하지 않을 수 있다.

근본 원인이 무엇이든, 친구들 사이의 상황은 변하고 곧 친구 관계라는 것도 그 수명이 다한 것 같은 느낌이 들기 시작할 것이다. 그 친구가 당신의 세상에서 거의 사라질 것이라는 말은 아니지만(물론 그럴 수도 있다), 머지않아 SNS 피드 속 얼굴로만 존재하게 될 것이다. 친구 관계가 끝난 것을 슬퍼하는 것은 괜찮다. 하지만 앞으로 언젠가 그 친구와 다시 연락할 가능성이 있음을 잊지 않는 것도 중요하다.

　　아들이 태어나기 전 7~8개월 동안 나는 글로벌 육아 사이트에 내 임신 과정을 기록으로 남겼다. 이를 통해 나는 몇몇 여성들과 유대감을 쌓았다. 나에게 연락을 했던 이들 중에 초보 엄마들도 있었는데, 모두 출산 예정일이 몇 개월밖에 차이가 나지 않았다. 나는 임신 기간 동안 그들과 가까워졌고 우리가 공유했던 동지애와 응원에 의지하게 되었다.

　　기존 친구들 중에 엄마인 친구들도 많이 있었고, 그 친구들 역시 도움의 손길과 응원을 보냈다. 하지만 같은 순간에 같은 일은 겪고 있는 사람에게는 어딘가 특별한 것이 있다. 우리는 나란히 참호 속에 앉아서 아기 기저귀가 터질 듯한 상황, 파트너와의 의사소통 문제, 모유가 새는 상황을 견뎌냈다. 물론 다른 친구들 대부분도 다 알고 있는 것이었지만, 기억이란 시간이 갈수록 희미해지기 마련이다. 아이가 없는(혹은 2세 계획이 전혀 없는) 친구들은 갓난아기가 내 삶에 미치는 엄청난 영향을 제대로 이해할 리가 없었다. 하지만 육아 사이트에서 알게 된 여성들은 모두 나와 같은 과정을 겪고 있던 참이라 내가 어떤 일을 겪고 있고 어떤 기분인지 정확히 알았다.

　　나는 그들과의 관계에 몰두했고, 우리는 끊임없이 연락을 주고받았다. 다들 똑같이 지치고 의식은 호르몬의 지배를 받고 있다는 공통점이 있어서 크림 타입과 젤 타입 치질약의 효능에 대한 이야기부터 좋아하는 TV 프로그램이나 앞으로의 인생 계획까지 쉽게 이야기할 수 있었다. 간단히 말해, 내가 한때 수많은 사람들과 했던 모든 대화를 당시에는 아주 소수의 사람들과 하고 있었다.

이 새로운 랜선 친구들에 대해 주변 사람들이 당신만큼 열렬한 반응을 보이지 않을 수 있음을 명심하자. 자신들의 자리를 빼앗겼거나 당신이 자신들 대신 모르는 사람에게 관심을 기울이고 있다고 느낄 수 있다. 그들과의 관계를 대신하는 것이 아니라 이 역시 필요한 관계라는 것을 계속 일러주자. 당신과 같은 상황에 있는 다른 엄마와의 유대감이 지금 당장 생명줄이 될 수 있음을 알려주자.

초보 엄마 경험담
다이애나 H.

그냥 알고 있던 한 친구와 SNS를 하다가 우리 두 사람 모두 임신 중이고 몇 달 간격으로 출산 예정이라는 사실을 공유하게 되었다. 이 일로 우리는 만나서 점심을 먹었고 진짜 친구가 되었다. 아기들이 태어나고 나서도 정기적으로 놀이 약속을 잡았고, 오래도록 전화 통화를 했고, 밤에 커플 데이트를 했고, 늦은 밤 서로 격려의 문자를 주고받았다. 친구 부부는 우리 딸의 대부모였다. 정말 기이하게도 양쪽 아기 모두 심각한 음식 알레르기 진단을 받았다. 같은 어려움을 겪고 있는 다른 엄마와 돈독한 사이라는 사실이 나에게 위안이 되었고, 덕분에 아이들끼리의 놀이 약속이나 어른들끼리의 저녁 식사가 훨씬 편해졌다.

우리 딸은 우리 가족의 생활방식과 다양한 의학적 시도 덕분에 잘 자랐지만, 친구의 아들은 그렇지 않았다. 우리 딸은 몸무게가 늘기 시작했지만, 친구의 아들은 영양공급 튜브를 삽입해야만 했다. 우리는 여전히 가깝게 지냈지만 긴장감이 쌓이는 것이 느껴졌다. 놀이 약속은 취소되거나 미뤄졌고, 문자 메시지에는 답이 없었고, 서로를 격려하던 전화 통화도 더 이상 없었다. 하지만 나는 희망을 버리지 않았다. 비교의 함정에 빠지는 것은 너무 쉽다. 친구를 비난할 마음은 없고, 그저 엄청나게 그리울 따름이다.

우리 모두 엄마가 되는 경험을 다른 식으로 하고, 우리의 행동이 다른 사람들에게 어떤 식으로 해석될 것인지는 우리가 손쓸 수 없는 문제이다. 끝나버린 관계가 해가 되지 않았다면 너그러운 마음을 유지할 필요가 있다.

또한 그 과정에서 놀라운 일들을 겪기도 했다. 설마 벌어질 거라고는 전혀 예상하지 못했던 일들이었다. 그렇게 가깝게 지냈다고 할 수 없는 친구들이 나의 가장 절친한 친구가 되었다. 엄마가 된다는 것은 상대에게 경계심을 풀고 자신의 약한 모습을 내보이게 하는 무언가가 있다. 때로 두 엄마가 서로 다를 바 없는 자신의 약한 모습을 보여줄 때 마음이 통하면서 유대감이 빠르게 형성되기도 한다. 내 이야기를 들어주고, 내 감정을 거짓이 아니며 타당하다고 인정해주고, 솔직해질 수 있는 안전

공간safe space을 만들어주고, 있는 그대로의 경험담을 공유해준 사람들이 바로 몇몇 랜선 친구들이었다.

물론 삐걱거리는 친구 관계도 있었다. 어쩌면 우리는 그 순간에 상대에게 필요한 존재가 되지 못했을 뿐이다. 그러나 역시 상황은 변하고 사람은 성장한다. 나는 내 친구들 중 일부는 멋있고 다정하지만 단지 '아기형'이 아니라는 것을 알게 되었다. 내가 필요로 하면 한걸음에 달려왔을 테지만, 내가 엄마가 된 첫해에 자주 얼굴을 비추지 않았던 이유는 그 상황이 완전히 낯설었기 때문이다. 흥미롭게도 이들 대부분은 사실 '아이형', 즉 아기보다는 아이와 있을 때 훨씬 더 편하게 생각하는 부류이다. 그래서 지금은 내 아들의 가장 소중한 가족이 되었다.

엄마라고 하는 당신의 새로운 역할이 부담이 되는 친구 관계가 있는 반면 아무런 영향을 받지 않거나 심지어 더욱 단단해지는 친구 관계도 있다. 그렇게 차이가 나는 이유를 이해하는 것은 현재 친구가 인생의 어떤 단계에 있고, 친구의 상황이 이제 곧 아기가 태어날 당신의 상황과 어떻게 어우러질 것인지 파악하는 데 도움이 된다.

모든 친구 관계를 한마디로 요약할 수는 없지만, 나는 경험을 통해 내 친구들이 보통 네 부류로 나뉜다는 것을 알았다. 당신 주위의 모든 사람이 이와 같은 부류로 완벽하게 구분될 것이라는 말은 아니다. 우리는 저마다 다르고 모든 친구 관계는 독특하기 때문이다. 그러나 대략적으로 구분함으로써 당신의 아기가 태어났을 때 주변 사람들은 인생의 어떤 단계에 있고, 그것이 출산 후 당신의 친구 관계에 어떤 영향을 미칠 것인지 살펴볼 수 있을 것이다.

어린아이들이 있는 친구들

일반적으로 봤을 때, 당신에게 최적의 조건이다. 이 친구들은 당신과 똑같은 상황에 적극 대처하는 중이거나 적어도 최근에 겪었기 때문에 지금 당장 당신이 얼마나 힘든 상황인지 기억하고 있다.

큰 아이들이 있는 친구들

아기 낮잠을 재우기 위해 갑자기 외출을 끝내고 집으로 돌아가야 한다면 이 친구들은 이해해줄 거라고 자연스레 생각하겠지만, 항상 그런 것은 아니다. 물론 그들 역시 부모이기는 하지만 초보 부모는 아니다. 시간이 흐르면서 우리의 기억이 흐려질 수 있고, 솔직히 말해서 많은 베테랑 부모는 갓난아기를 키우는 것이 실제로 얼마나 힘든지 잊어버리고 일부 초보 부모가 조금 유난스럽다고 생각한다.

언젠가 아이를 원할 수 있지만 지금은 아이가 없는 친구들

이 부류의 친구들은 둘 중 하나이다. 당신이 지금 겪고 있는 일에 개인적으로 관심이 있어서 이 기간 동안 당신과 더 자주 어울리게 될 수 있다. 그렇지만 이는 역효과를 불러올 수도 있다. 일부 예비 부모들의 상상 속 아기들은 대화를 이어가려 애쓰는 당신의 품 안에서 지금 자지러지게 울고 있는 아기보다 훨씬 달래기 쉬울 것이므로. 많은 이들이 그런 생각을 혼자 간직하지만, 때로 당신은 무언의 판단이나 원치 않은 조언에 직면할 수 있다. 구체적으로 말하자면, 아직 부모가 아닌 사람으로부터 더 나은 부모가 되는 방법에 대한 조언을 듣는 것이다.

임신을 시도 중이거나 불임인 친구들

이 친구들은 많은 일을 겪고 있다. 일부 혹은 전부 당신이 생각지도 못하는 일이다. 나 역시 꽤 오랫동안 임신하려고 애썼던 터라 친구들이 하나둘 임신했다는 소식을 들었을 때의 씁쓸한 기분을 생생하게 기억한다. 친구들을 축하하면서도 다른 사람들은 쉽게 하는 것 같은 일을 나는 하지 못한다고 자책했다. 웃으며 기뻐했지만, 때로는 집에 가서 울기도 했다. 슬픔이나 질투로 인한 죄책감 때문에 심란한 경우도 많았다. 만약 이런 사람이 친한 친구라면 당신은 친구가 어떤 일을 겪었는지 알 것이고, 친구가 어떤 반응을 보여도 이해하고 응원하려 할 것이다. 사회복지 전문가도 이런 상황에 처한 상대방을 인정하는 것이 중요하고 말한다. "그들의 입장을 지켜주면서 동시에 당신이 그들 곁에 있다는 것을 확실히 알려주세요. 임신 소식은 유산을 겪었거나 불임을 겪고 있는 사람에게는 아주 큰 트리거가 될 수 있습니다."

전문가 조언

많은 여성들이 엄마가 되고 초반에 고립감을 느낍니다. 아기를 돌보느라 너무 정신이 없는 나머지 다른 일을 할 시간이 없어서 당연히 그럴 수밖에 없습니다. 그런데 이제 엄마로서의 삶에 어느 정도 익숙해졌을 때쯤 사람들과 다시 연락하는 것이 어렵게 느껴집니다. 그 책임을 당신이 져야 하는 것은 아니에요. 스트레스를 받지 않도록 천천히 시작해보세요. 친구 한 명에게 연락해서 어떻게 지내는지 알리는 겁니다. 당신이 보기에 도움을 줄 수 있거나 돕고 싶어 할 것 같은 친구라면 더욱 좋습니다.

임신 기간 동안 자신의 인간관계를 찬찬히 살펴보는 것도 좋아요. 이미 어떤 이들과 연락이 뜸한 느낌이 들면 그런 관계에 더 신경을 쓰는 것도 방법입니다. 임신 중 비타민을 섭취하는 것처럼 친구를 챙긴다고 생각해보세요. 지금 하고 있는 일이 당신의 아기가 태어났을 때 더 좋은 상황을 만들 겁니다.

●레슬리 와서만, 임상 사회복지사

선뜻 이해하기 어렵겠지만, 아기가 태어나고 일 년 안에 당신에게 새로운 친구가 생길 것이다. 그리고 그런 일은 아이가 유치원이나 초등학교에 들어가고 스포츠나 다른 활동을 시작하면 계속 있을 것이다. 아이들은 우리에게 완전히 새로운 세상을 열어준다. 그리고 아이들이 하는 모든 일을 통해 우리는 다른 부모들과도 접촉하게 될 텐데, 그들 중 몇몇은 진정한 친구가 된다. 또래 아이를 둔 다른 부모들이 당신 인생의 모든 사람들을 밀어낸다는 말이 아니다. 끊임없이 변하는 상황이 친구 관계에도 영향을 미친다는 것을 다시금 상기시켜줄 뿐이다.

친구들 중 일부는 당신의 삶에 일어나는 이 엄청난 변화를 이해하지 못할 수 있다. 인간관계는 변하지만, 그렇다고 모든 관계가 끝나야 한다는 의미는 아니다. 나는 이런 변화를 버거워했고 너무 오랫동안 커다란(그리고 불필요한) 죄책감을 느꼈다. 친구들이 걱정된다는 이유로 아기와 보내는 시간을 뺏기지 않았으면 한다.

아기의 탄생은
당신의 인생을 변화시킨다.
오히려 변하지 않는 것이 불가능하다.
하지만 그것이 나쁜 것은 아니다.

아이가 성장함에 따라
어려움은 변화할 테지만
결국 당신의 삶은
그 변화로 더 나아질 것이다.

solution

임신, 출산 이후 관계의 모든 것이 쉽지 않을 겁니다. 절친한 친구와 잠시 멀어지는 과정에서 성장통이 있을 거예요. 물론 기존의 친구 관계가 더욱 단단해지고 새로운 친구가 생길 가능성도 있습니다. 어쨌든 이것만은 분명합니다. 상자를 마구 흔들고 나면 모든 조각들이 있어야 할 자리에 정확히 들어간다는 거예요. 주변 사람들도 당신의 새로운 역할을 지지하고 응원할 겁니다. 이 모든 일을 이겨내는 데 도움이 될 만한 상황을 정리해봤어요.

1 친구 관계의 변화는 피할 수 없습니다

아기가 태어난 후에도 친구 관계가 전혀 변하지 않을 거라고 아무리 긍정적으로 생각하더라도 변화는 일어나게 마련입니다. 당신이 달라질 테니까요. 모든 인간관계가 영향을 받는 것도 아니고, 그것이 꼭 그렇게 나쁜 일도 아닙니다. 하지만 변화는 일어납니다. 그리고 결국 당신의 삶은 그 변화 때문에 한결 나아질 거예요.

2 당신 때문도 아니고 그들 때문도 아닙니다

변화는 누군가 무슨 말을 했거나 어떤 행동을 했다고 일어나는 것이 아니라 단지 더 큰 사건이 당신의 세상을 완전히 바꿔놓았기 때문입니다. 당신이 이런 상황을 만든 것이 아니고, 그들 역시 마찬가지입니다. 대체로 모든 사람에게 일어나는 일이고, 당신만 다를 것도 없고 당신이 잘못한 것도 없습니다. 기억하세요. 아기의 탄생은 인생의 거대한 변화이고, 삶의 모든 측면에 영향을 미칠 겁니다. 거기에는 친구 관계도 포함됩니다.

3 솔직해야 합니다

주변 사람들이 당신에게 어떻게 다가가야 하는지 정확히 알고 있을 거라 넘겨짚지 마세요. 어떤 경우에는 당신이 먼저 연락해주기를 기다릴 수 있습니다. 아니면 당신의 생활에 끼어들려고 해서 오히려 스트레스를 줄 수도 있고요. 당신이 달리 말할 때까지 사람들은 자신이 생각하는 최선의 행동을 할 겁니다. 친구들에게 당신의 감정과 욕구를 있는 그대로 알려주세요. 처음에는 이 상황을 당신 위주로 생각해도 괜찮습니다.

4 랜선 친구를 우선시해도 괜찮습니다

SNS나 온라인 엄마 모임 같은 것을 통해 새로운 친구, 특히 당신과 같은 일을 겪고 있는 다른 엄마들을 소개받을 수 있습니다. 현재 자신의 삶에서 이러한 관계가 차지하는 중요성을 간과하지 마세요. 랜선 관계를 받아들이세요. 같은 일을 겪고 있는 사람과 이야기를 나누는 것은 아주 뜻깊고 즐거운 일입니다.

5 아이들 덕분에 당신의 삶에 새로운 사람들이 계속 등장할 거예요

대부분의 친구 관계가 흔들리든, 아니면 몇몇 친구 관계만 흔들리든, 당신은 아이를 통해 계속 새로운 친구를 사귈 겁니다. 주변 사람 모두를 아이를 둔 다른 부모들로 바꾼다는 말이 아니에요. 엄마가 되면 몇몇 친구 관계가 달라질 수 있지만, 당신의 삶에 새로운 친구 관계가 많이 생길 수도 있다는 의미입니다.

6 아기는 당신의 삶을 바꾸었을 뿐 그들의 삶을 바꾸지는 않습니다

자신의 아기에게 홀딱 빠져서 크고 작은 모든 순간을 가까운 사람들과 공유하고 싶은 마음은 정상입니다. 단지 당신의 삶에는 엄청나게 흥미롭고 새로운 일이지만, 친구들에게도 같은 느낌을 주지는 않을 뿐이죠. 친구들은 당신 아기의 사진을 볼 때 당신이 느끼는 순수한 기쁨의 감정을 공감하지 못할 겁니다. 기분 나쁘게 받아들이지 말아요. 친구들이 당신이나 당신의 아기에게 관심이 없다는 의미는 아니니까요. 아기가 하는 모든 일은 항상 다른 누구보다 부모에게 더 큰 의미가 있는 법이죠. 아마도 몇몇 할아버지와 할머니를 제외한다면요.

7 이 상황이 그들에게도 힘들 수 있어요

불임 진단을 받았다거나 아니면 임신을 시도하는 데 별다른 어려움이 없었더라도 상관없습니다. 누구는 여전히 임신 소식을 기다리고 있는데 다른 사람들이 임신을 하고 아기를 맞이하는 모습을 보는 것이 얼마나 힘든 일인지는 다들 알고 있을 거예요. 우리는 아무런 문제가 없어 보이는 가장 가까운 사람들을 부러워하거나 원망할 수도 있습니다. 친구가 이상하게 행동하거나 당신을 피하는 것처럼 보이면 일단 믿어주세요. 우리는 다른 사람이 어떤 기분인지 혹은 무슨 일을 겪고 있는지 진정 알 수 없습니다. 이미 아이들이 있다고 해도 당신의 아기를 보거나 이야기를 듣는 것이 지금 당장은 너무 고통스러울 수 있습니다.

8 어떤 친구 관계는 전혀 예상치 못했던 수준으로 발전할 수 있습니다

엄마가 된다는 것은 훌륭한 연결고리가 될 수 있습니다. 그렇다고 아이가 있는 누구와도 자동으로 친구가 된다는 말은 아니지만, 기존의 친구 관계 중 일부가 더 단단해진다는 것을 알게 될 거예요. 한때 당신 인생의 주변부에 머물렀을지 모를 사람들과 엄마로서 유대감을 형성하면 믿을 수 있는 친구 사이로 발전할 수 있습니다.

9 어떤 친구 관계는 끝나기 마련입니다

그렇다고 해서 사이가 틀어지거나 서로를 경멸하게 된다는 말은 아닙니다. 오히려 이 친구 관계가 더 이상 어느 누구에게도 도움이 되지 않는다는 사실을 깨닫기 시작할 거예요. 아무래도 괜찮습니다. 당신은 인생의 격변을 겪었던 참이고 당신의 세상은 달라졌으니까요. 지금의 상황에 연연하기보다 당신이 공유했던 친구 관계에 감사하고 그것이 한때 당신에게 얼마나 중요했는지에 집중합시다.

10 이 모든 것은 인간관계의 자연스러운 변화에 속하고, 초보 엄마들에게는 지극히 흔한 일이에요

당신의 인생을 되돌아보면 몇몇 인간관계는 수년에 걸쳐 부침을 겪기도 했고, 다른 몇몇은 끝났다는 사실을 깨닫게 될 겁니다. 친구 관계가 달라지거나 심지어 끝나는 것이 이번이 처음은 아니지만, 그 어느 때보다 지금 더 중압감을 느낄 수 있어요. 그 이유는 당신의 삶에 일어나는 다른 많은 변화와 함께 일어나고 있는 데다 아마도 한 명 이상이 연관된 일이기 때문이죠. 어떤 면에서는 산후 탈모와 비슷합니다. 이전에도 일어났던 자연스러운 순환이지만, 이번에만 동시다발적으로 많은 일이 벌어지는 것일 수 있어요.

육아 도우미 찾기

12

메리 포핀스는
없다

엄마들은 흔히 멀티태스킹 능력이나 '모든 것을 할 수 있는' 것처럼 보이는 능력에 대해 찬사를 받는다. 하지만 왜 우리는 모든 것을 스스로 해야 할까? 엄마를 슈퍼히어로라고 부르면서 그것이 대단한 칭찬인 마냥 분위기를 조성해서 이런 이야기를 계속하는 것이 아주 흔한 일이 되었다. 이제 이런 판에 박힌 이야기를 바꿀 때가 된 것 같다.

'엄마가 하는 일'이라는 이유로 모든 것을 하느라 녹초가 되는 슈퍼히어로 엄마의 시대는 끝났다. 우리는 도움이 필요하고 도움을 받을 자격이 있다. 그리고 거기에는 육아도 포함된다.

도움이 필요한 이유는 여러 가지가 있고, 모두 타당하다. 다시 직장에 나가느라 그럴 수 있다. 아니면 집에서 일을 해도 그렇다. 이미 하고 있는 다른 모든 일은 고사하고 갓난쟁이를 돌보는 일 자체도 충분히 힘들기 때문에 도움이 필요할 수 있다. 엄마에게 육아 도우미가 필요한 '이유'는 중요하지 않다. 그리고 누구에게도 그런 결정을 내린 이유를 해명

할 필요 없다.

여러 세대를 걸쳐 이어져온 낙인을 깨뜨리기란 쉽지 않다. 내적으로는 죄책감과 싸우면서 외적으로는 사람들의 비판을 마주하게 될 것이다. 그러므로 육아 도우미를 고용하는 이유를 기억하는 것이 중요하다. 만약 누군가 당신 자신과 아기를 우선시하는 것을 두고 '이기적'이라고 한다면 그것을 명예 훈장처럼 여기라고 하겠다. 당신은 제대로 하고 있다. 아기에게는 건강하고 행복한 엄마가 필요하다.

다행히 엄마가 자신과 자녀를 동시에 중요하게 여기는 개념이 서서히 자리 잡기 시작했고, 솔직히 말해서 이제 그럴 때가 되었다. 최근 들어 점차 많은 엄마들이 나에게 공유하는 한 가지 방식은 육아 도우미 비용을 지불하기 위해 직접 일하는 것이다. 그들의 소득은 지출해야 하는 육아 비용과 거의 비슷하지만, 일하고 싶은 것이다. 일을 즐기고, 열정적으로 경력을 쌓고, 일할 때 더 행복하고 성취감을 느낀다. 그리하여 그들의 경우에는 더 나은 부모가 되기도 한다.

엄마가 되기 전까지 나의 개인적인 육아 경험은 고등학교 시절 했던 베이비시터가 전부였다. 육아에 대해 실제 아는 것이 거의 없었다. 결국 나는 엄마가 되고 나서야 유축기의 튜브를 소독하는 일이 누군가의 도움을 받을 일은커녕 내가 해야 할 일 중 하나라는 것을 겨우 파악할 수 있었다. (만약 당신 역시 그렇다고 해도 뒤처졌다고 느낄 필요는 없다.)

나는 오래전부터 재택근무를 하던 터라 우리 부부는 아들이 태어난 후에도 계속 그렇게 하기로 했다. 남편이 회사에 있는 동안 나는 아들을 돌보는 유일한 사람으로서 나의 다른 '일'을 할 시간을 내기 위해 내 시간을 줄일 생각이었다. 우리는 실패할 리 없는 계획이라고 생각했다.

우리의 생각은 틀렸다. 남편과 나는 정말 바보였고, 우리 계획의 중압감을 이겨내지 못했다. 돌이켜보면 우리는 이 계획에 대해 전혀 많은 생각을 하지 않았다. 이런 식에 더 가까웠다. "나는 이미 집에서 일하고 있었잖아. 그럼 내가 일하는 동안 우리 아기가 집에서 같지 있지 못할 이유가 없지. 문제 해결!" 안타깝게도 그것이 좋지 않은 생각이었다는 데는 많은 이유가 있었지만, 우리는 그 어떤 것도 굳이 고민하지 않았다.

그렇다고 우리에게 유리한 점이 없었다는 말은 아니다. 글쓰기 작업에는 마감 기한이 있었지만, 실제 언제 글을 쓸지 결정하는 것은 나에게 달려 있었다. 나는 9시에 출근해서 6시에 퇴근하는 일반적인 근무 시간에 얽매이지 않았다. 덕분에 유연하게 글쓰기 시간을 결정할 수 있었다. 게다가 나는 육아 웹사이트의 엄마 팀에서 일했다. 만약 내가 기저귀 사고로 회의에 늦는다거나 통화 중에 유축기 소리가 난대도(이런 일이 한 번 이상 벌어졌다) 이런 상황을 이해해주는 건 바로 이해심 넘치고 응원을 아끼지 않는 엄마 팀 사람들이었다. 그 때문에 내가 얼마나 운이 좋았는지 깨달았다.

모든 것이 나에게 유리한 상황에서도 일을 마무리해야 하는 특정 시점은 오기 마련이다. 그리고 아기에게는 젖을 주어야 한다. 혹은 기저귀를 갈아주거나 목욕시키거나 다독여주거나 트림을 시켜줘야 한다. 그리고 이 두 가지 '일'이 겹치는 상황이 잦아지면 문제가 생기기 시작한다.

요람에 누워 있는 아들에게서 벗어나 글을 쓸 수 있는 시간이 낮에는 육아 전후의 자투리 시간밖에 없었다. 일의 리듬을 찾기 시작할 때면 나의 다른 상사에게 불려가곤 했다. 틈틈이 글을 쓰거나 조사하거나 인터뷰를 진행하는 것은 불가능에 가깝다는 것이 드러났다. 나는 남편이 퇴근할 때까지 기다렸다가 일을 하기 시작했다. 하지만 그때쯤이면 너무 피곤한 나머지 어떤 일이든 끝내려면 시간이 곱절로 걸릴 때가 많았다.

그다음에는 글쓰기 작업을 몰아서 하는 방법을 시도했다. 한 번에 한 편씩 제출하는 대신 부모님이 우리 집에 올 때까지 기다렸다가 모든 작업을 완료하는 계획이었다. 좋은 아이디어였지만, 피곤하기는 마찬가지였고 모유 수유를 하거나 유축을 하려면 일을 멈출 수밖에 없었다. 그럼에도 불구하고 그것이 최상의 시나리오였고, 나는 낮 시간 동안 작업을 끝낼 수 있었다. 그러나 안타깝게도 부모님은 우리 집에서 함께 지낼 생각이 없었다. 우리에게는 다른 계획이 필요했다.

우리는 선택지를 고민했고 우리 상황에서는 가사 도우미가 가장 적합하다고 결정했다. 명칭은 같지만, 1960년대 주부들이 불안과 스트레스를 해소하기 위해 선호했던 가사 도우미 유형과는 달랐다. 그 가사 도우미는 '벤조'라고 알려졌는데, 진정 작용이 있고 불안을 완화시키는 약물 종류인 벤조디아제핀benzodiazepine에서 유래한 명칭이었다. 내가 관심 있는 가사 도우미에는 중독성이 없었다.

보모나 어린이집과 달리 가사 도우미는 아이만 돌보는 것이 아니라 엄마가 집에 있는 동안에도 아기 돌보기와 집안일을 도와주는데, 비용은 훨씬 저렴하다. 이전 직장 동료는 십대 조카를 가사 도우미로 고용했고, 한 친구는 믿을 수 있는 이웃을 도우미로 고용했다. 우리는 업체를 통해 고용하는 방법을 모색했다.

육아 도우미 혹은 육아 시설에서 책임졌으면 하는 육아 서비스 목록을 확실하게 준비해둬야 합니다. 비슷한 육아 서비스 업체들이 일반적으로 동일한 조건의 서비스를 제공할 거라고 생각할 수 있지만, 정확한 서비스 범위는 업체마다 다릅니다. 현실적인 추가 서비스를 요청하는 것도 결코 나쁘지 않습니다. 단지 비용을 더 지불해야 할 수 있다는 점은 알아두세요. 무엇보다 중요한 점은 양측이 동의한 육아 서비스 범위를 서면 계약서로 작성하는 겁니다. 그렇지 않으면 한쪽이 불만을 느끼거나 심지어 이용당할 위험이 있으니까요.

●마르퀴스 앤, 육아 전문가

안타깝게도 상황은 그 이상 진전되지 않았다. 우리 계획에 대한 소문이 주변 사람들 사이에 퍼지기 시작하자 피드백이 밀려들기 시작했다. 내가 '상황을 감당할 수 없는 것'에 대한 동정에서부터 온종일 집에 있으면서 도우미 고민을 하는 것에 대한 노골적인 반감까지 피드백이 다양했다. 피드백을 다 무시하고 계획대로 밀고 나갔다고 말할 수 있다면 좋겠지만, 그러지 못했다. 나는 죄책감에 스스로가 부끄러웠고, '나만 빼고 모두가 이 상황을 감당할 수 있구나.' 하는 생각이 더욱 커졌다. 그렇게 사람들의 의견에 따라 결정을 내리고 도우미를 고용하지 않았다. 대신 엄마들이 자주 하는 그 해로운 행동을 했다. 그러지 말았어야 했는데, 나는 꾹 참고 하던 대로 계속했다. 그렇지만 그게 우리 엄마들이 하는 일 아닌가?

어떤 육아 방식이든 당신에게 도움이 되거나 이용할 수 있다면, 필요하지 않을 것 같다고 외면하기 전에 그 방법을 이용해보거나 적어도 심각하게 고민해보기를 바란다. 비용을 지급하고 전문가를 쓰든, 아니면 가족이나 친구를 간혹 부르든, 대부분의 경우 당신이 주도적으로 아기를 돌봐야 하는 법은 없다. 항상 긴장한 상태로 있는 것이 아니라 마음을 편하게 하는 것이 건강에 좋다는 것을 명심하자.

어린이집이나 보모 같은 일반적인 선택지부터 보모 공유나 품앗이 육아 등 맞춤형 방식에 이르기까지 육아 선택지는 다양하다. 각각의 선택지에는 이점이 있고, 모든 사람의 요구 사항이 동일한 것은 아니기 때문에 그 장단점은 가족마다 다를 것이다. 그렇기 때문에 육아 서비스에서 기대하는 점과 요구하는 점을 생각해보는 것이 중요하다. 당신의 시간을 더 탄력적으로 쓰고 싶은가? 돌보미가 특정 교육 커리큘럼도 가르치는 것이 중요한가? 이런 것들은 명심해야 할 몇 가지 고려 사항일 뿐이다. 육아 선택지를 고민할 때 물어볼 만한 질문 목록을 별도로 정리해두었는데(274쪽 참고), 어느 하나를 다른 것과 비교해서 선택할 때 도움이 될 것이다.

육아 유형을 선택할 때 비용이 중요한 요소라는 것은 분명하지만, 비용을 추정하는 것이 생각만큼 쉽지 않다. 보모 파견 기관 내니 빌리지 Nanny Village의 창립자이자 육아 전문가 마르퀴스 앤은 최근 보고서를 인용해서 미국의 평균 육아 비용이 어린이 1인당 연간 약 1만 500달러라고 밝혔다. "하지만 그 정도 선에서 비용을 고려하는 것은 현실적이지 않습니다. 거주지, 아이의 나이, 자녀 수 등 구체적인 비용에 영향을 미치는 개별적인 요소가 너무 많기 때문입니다. 선택한 육아 유형, 돌보미의 숙련도와 교육 수준, 육아 업무 범위는 말할 것도 없고, 이러한 모든 것이 전체 비용에 영향을 미칩니다. 나와 일했던 고객들 중에는 가족이나 친구들에게 도움을 청해서 때로 무료로 도움을 받은 경우도 있지만, 폭넓은 경험을 가진 상주 보모를 고용하느라 연간 10만 달러 이상을 지출한 경우도 있습니다."

일단 비용과 초기 요구 사항이 파악되면 가족에게 가장 적합한 육아 유형에 초점을 맞춰 시작할 수 있다. 이렇게 초반 작업을 하면 나머지 과정이 훨씬 원활하게 진행된다. 예컨대 당신의 업무 시간이나 예산과 맞지 않는 특정 카테고리의 육아 도우미는 제외할 수 있다. 즉, 당신이 원하는 것과 원하지 않는 것 모두 분명하게 정리가 된다. 이를 면접 질문으로 사용할 수도 있고 지인 소개나 전문 업체, 육아 사이트 등 어디서 검색을 시작해야 할지도 알게 될 것이다.

초보 엄마 경험담
발레리 C.

남편과 나는 우리 마음에 쏙 들고 비용도 감당할 수 있는 어린이집을 찾았다. 하지만 협상의 여지가 없는 픽업 시간 때문에 언젠간 문제가 생길 것 같았다. 우리는 시어머니에게 도움을 요청했다. "내가 거기보다 훨씬 더 잘 돌볼 수 있어. 당연히 무료 서비스다."

우리는 마찰 없이 일주일도 지낼 수 없었다. 아들이 젖병에 적응하면서 유두 혼동nipple confusion(모유만 먹던 아기가 젖병이나 공갈젖꼭지를 사용한 후에 엄마 젖을 거부하는 현상—옮긴이) 문제가 생겼다. 담당 소아과 의사는 공갈젖꼭지를 사용하지 말 것을 권장했는데, 시어머니는 우리도 모르게 손자가 거부감 없이 사용할 것을 찾을 때까지 시중에 나온 모든 공갈젖꼭지를 사다줬다. 3일째가 되자 아들은 모유 수유를 거부하고 젖병으로만 먹으려고 했다. 결국 우리는 결정을 번복하고 아들을 원래 계획했던 어린이집에 보낼 수밖에 없었다. 시부모님과의 관계도 완전히 틀어졌다. 돌이켜보면 시어머니의 제안을 받아들이지 않았더라면 좋았을 것 같다. 빚진 느낌이 들지 않으려면 미리 모든 것에 합의를 하고 조금이라도 비용을 지불했어야 했다.

육아 선택지를 조사하다 보면 완전히 헷갈리는 낯선 어휘를 접하게 된다. 선택지 가운데 일부는 같은 것처럼 보이지만 그렇지 않다. 서비스 내용을 알면 기대하는 점이나 질문 사항을 정리하는 데 도움이 될 것이다.

어린이집

일반적으로 같은 나이 또래 아이들을 위한 체계적인 프로그램을 갖춘 시설이다. 어린이집은 허가를 받아야 하고 정부(우리나라의 경우에는 보건복지부 보육정책국—옮긴이)가 정한 구체적인 규정을 따라야 한다. 전국적인 대규모 업체의 지역 프랜차이즈 형태가 많다. 보통 보모를 고용하는 것보다 비용이 저렴하지만 운영 시간이 제한적이고, 규정이나 정책은 더 엄격하다. 하지만 여러 명의 돌봄 교사가 직원으로 근무하기 때문에 결근 인원이 있어도 부모가 직접 대체 인력을 찾을 필요가 없다.

사설 어린이집

일반 어린이집과 유사하지만, 육아 돌보미의 집에 시설을 갖추고 있다. 역시 엄격한 허가 기준을 충족해야 한다. 일반 어린이집보다 비용이 저렴하고 육아 돌보미 한 명이 담당하는 아동의 수는 더 적지만, 기본적으로 아이들의 수가 적기 때문에 또래 아이가 별로 없을 수 있다.

보모

우리 가족과 아이의 요구에 따른 맞춤형 돌봄 서비스를 우리 집(혹은 다른 지정된 곳)에서 제공한다. 비용이 더 많이 들고 보모가 아프거나 휴가를 낼 때 대체 육아 도우미를 찾아야 한다. 하지만 고용주로서 내가 전체적인 프로그램을 결정하고 유연한 운영을 누릴 수 있다.

공유 보모

한 가족 이상(보통 두 가족만)을 위해 돌봄 서비스를 제공한다. 보모와 아이들은 보통 매주 번갈아가며 양쪽 집에서 지낸다. 아이들이 여러 명일 경우 비용이 더 들 수 있지만, 두 가족이 비용을 분담하기 때문에 전반적으로 더 저렴한 편이다. 하지만 일대일로 돌보는 것이 아니고, 양쪽 가족들이 상호 동의해야 하는 사항들이 있다.

베이비시터

육아 도움이 필요하면 언제든 단기 고용할 수 있다.

오페어au pair

현지 가족과 함께 거주하며 육아 도우미 일을 하는 외국인으로, 보통 2년 계약을 한다. 비용과 숙식을 제공하는 대가로 집에 상주하며, 가족과 아이에게 새로운 문화적 경험을 줄 수 있다. 비자 등 복잡한 서류 작업 때문에 오페어는 허가 받은 업체를 통해 고용해야 한다. 통상적인 시간 외에 육아를 맡겨야 하는 가족에게 가장 적합하다.

육아 품앗이

서로 다른 가족끼리(보통 친구, 친척 또는 가까운 지인) 교대로 서로의 아이를 돌봐주는 방법이다. 근무 시간이 일정치 않거나(보통 파트타임) 양쪽 가족 모두 가끔 아이를 돌봐줄 일이 필요할 때 효과적이다.

가족 혹은 친구

시간이 있거나 아이를 돌볼 수 있는 믿을 만한 가족이나 친구에게 맡기는 방법도 있다. 적은 비용을 지불하거나 아예 대가를 지불하지 않는 경우가 많지만, 어떤 형태이든 보상과 요구 사항, 육아 철학, 안전 수칙 등을 담은 계약서를 작성하는 것을 생각해보자.

가사 도우미

기본적으로 가사나 아기와 관련하여 집에서 엄마에게 필요한 일은 무엇이든 돕는다. 엄마가 샤워를 하거나 일을 하거나 쉬는 등 필요한 일을 하는 동안 간단한 집안일에서부터 아기와 놀아주는 일까지 다양하게 한다. 가사 도우미 홀로 아기를 돌보지 않고 엄마 역시 집에 있는 동안 일을 한다.

가족 도우미

심부름, 반려견 산책, 가사 관리, 식료품 구입, 식사 준비, 간단한 집안일 등 가족에게 필요한 것은 무엇이든 도와준다. 가끔 베이비시터 역할을 하거나 아이들의 등하교 또는 방과 후 활동 픽업을 돕기도 하지만, 육아가 핵심 업무는 아니다. 세부적인 업무는 그때그때 정할 수 있다. 아기가 태어나기 전에는 가족 도우미로 지내면서 서로를 파악하고 가족의 일과에 익숙해지는 과정을 거친 뒤 아기가 태어나면 보모로 일하는 경우도 있다.

여행 보모

가족 여행에 동행하면서 집이 아닌 다른 곳에서 일반적인 보모 서비스를 제공한다. 가족의 보모나 육아 돌보미가 여행에 동행할 수 없거나 다른 곳에서 단기간 도움이 필요할 때 이용할 수 있다. 보모 비용 외에도 여행 경비를 지불하고, 식사를 제공하고, 일반적으로 개인 침실과 일일 경비를 지급해야 한다.

이런 검색을 어디에서 해야 할지 고민이라면 이 역시 몇 가지 선택지가 있다. 모두 다 똑같이 좋은 방식이고, 어떤 방식을 선택할 것인지는 개인의 취향에 달려 있다.

완전한 DIY 방식

아이를 돌볼 때 필수 사항을 목록으로 만들어서 어떤 선택지가 우리 가족에게 적합한지 결정하는 것이다. 조사나 추천을 통해 후보 시설을 물색하자. 친구나 가족에게 물어보고, SNS의 지역 엄마 모임에서 추천을 받아보자. 우선순위를 목록으로 정리해서 자체적으로 면접과 기본 항목의 평가를 시작하자.

돌보미 찾기 웹사이트

미취학 아동을 위한 돌봄 서비스 업체를 찾을 수 있는 위니닷컴 Winnie.com 이나 모든 종류의 돌보미 서비스를 찾을 수 있는 케어닷컴 Care. com 같은 사이트들은 DIY 방식과 업체를 고용하는 방식을 절충한 서비스를 제공한다. 소액의 수수료를 지불하면 돌보미 찾기 절차를 안내 받을 수 있지만, 업체를 통했을 때처럼 직접적인 도움이나 사적인 도움은 받을 수 없다. 또한 추천서 확인뿐 아니라 신원 조회도 직접 실시해야 한다.

> ▶ 우리나라의 경우에는 맘시터, 단디헬퍼, 시터넷, 째각악어, 자란다, 놀담 등의 플랫폼이 있다.

인력채용 업체

가장 꼼꼼한 서비스를 통해 기본적으로 전 과정을 도와준다. 수수료를 지불하면 의뢰인의 요구 사항을 확인한 뒤 직접 엄선하고 사전 선별한 후보자 목록을 전달한다.

또한 아이의 음식 알레르기부터 간혹 늦은 픽업에 이르기까지 매일 혹은 특별한 경우에 필요한 모든 요구 사항을 고려해야 한다. 선택의 폭을 좁히는 데 도움이 되도록 지난 몇 년간 여러 엄마들과 나눈 대화를 바탕으로 고려할 만한 요구 사항 목록을 추렸다(274쪽 참조). 가장 빈번하게 공유했던 내용들이 포함되어 있지만, 훨씬 더 틈새 질문이 있을지도 모르겠다. 리얼리티쇼 〈뉴욕의 진짜 주부들The Real Housewives of New York City〉의 한 에피소드에서 보모 면접이 진행되는 모습을 본 적이 있는데, 지원자는 샘플세일(정식 제품 출시 전에 만들어본 제품을 저렴하게 판매하는 것─옮긴이) 때 대신 줄을 서거나 엄마의 머리를 세팅해줄 수 있는지 질문을 받는다. 각자 생각하는 요구 사항과 비용은 천차만별인 것 같다.

육아 문제를 해결했으면 복직을 결정할 수도 있다. 복직하는 날이 두렵든, 산모용 청바지를 벗어버리고 서둘러 출근하기만을 손꼽아 기다리든, 초보 엄마로서 출산 전의 삶으로 돌아가는 과도기에는 일시적으로 문제가 생길 수밖에 없다.

아기와 떨어져 지내는 것에 적응하는 일 외에도 직장 상사나 동료들의 기대에 부응해야 할 수 있다. 부모가 아닌 많은 사람들(그리고 일부 베테랑 부모들 역시)은 출산 휴가에 따른 어떠한 사정도 이해하지 못하고 당신의 복귀를 유급 휴가를 다녀온 것처럼 취급할 것이다. 밤늦도록 야근을 하는 대신 육아를 위해 매일 정해진 시간에 퇴근하는 것을 못마땅하게 여기는 동료들로부터 긴장감을 느낄 수 있다. 회의 사이사이에 회사에서 유축할 장소를 찾아야 할 수도 있는 점을 더하면 이 과정이 상상했던 것보다 더 감정적으로 지친다는 것을 깨달을 것이다.

자신에게 경계를 정할 충분한 권리가 있음을 잊지 말자. 당신과 동료들 모두 워킹맘이 되는 것에 적응하려면 시간이 걸릴 것이다. 당신이 할 수 있는 가장 중요한 일은 의사소통이다. 숨김없이 솔직하게 말하고, 융통성을 요구하고, 자신의 요구 사항을 알리자. 그리고 첫날부터 모든 문제가 해결될 것으로 기대하지 말자. 모든 문제가 해결될 때까지 이런 과도기가 짧게는 몇 주부터 길게는 몇 개월까지 이어질 수 있다. 이 상황을 헤쳐나가는 동안 파트너, 가족, 친구들, 육아 도우미의 도움을 받자.

내 아기를 돌볼 사람을 선택하는 것은 틀림없이 초보 부모로서 내리는 가장 힘들고 중요한 결정 중 하나여서 부담스럽고 스스로에 대한 의구심이 들 수 있다. 그렇다는 것을 인정해도 괜찮다. 자신의 감정에 솔직해지고 육아 도우미에게 그 감정을 가감 없이 말하는 것이 좋다. 아기를 다른 사람에게 맡기는 것을 걱정하는 부모가 당신이 처음도 아니고, 육아 도우미는 당신의 걱정을 해소하는 데 도움을 줄 수도 있을 테니까.

아들이 처음 태어났을 때 우리는 간호학교를 막 졸업한 베이비시터를 고용했다. 그녀가 우리 아들을 얼마나 사랑하는지가 그냥 눈에 보였다. 어느 날은 그녀가 영상통화로 자신의 부모님에게 우리 아들을 소개하는 모습을 봤다. 우리 아들이 그녀에게 얼마나 의미 있는 존재인지를 보니 엄마로서 정말 행복한 마음이 들었다.

아들은 두 살쯤 되었을 때 그녀가 일하는 병원에서 수술을 받았다. 그녀는 회복 중인 아들 곁에 있으려고 근무 스케줄을 완전히 바꿨고, 덕분에 아들은 깨어났을 때 낯익은 얼굴을 볼 수 있었다. 마침내 면회 날, 우리는 그녀의 품에 안긴 채 완전히 평온하고 편안한 모습의 아들을 보았다.

그녀가 아들을 안고 있는 모습을 떠올리면 나는 아직도 코끝이 찡하다. 나는 아들이 마취 상태에 있다가 깨어나는 것을 두고 신경 쇠약 상태였는데, 그녀는 내가 함께 있을 수 없을 때 아들 곁에 있어주겠다며 내 모든 걱정을 덜어주었다. 그녀는 정말로 나만큼 내 아이를 사랑하는 사람들이 있다는 것을 보여주었다.

solution

부모로서 내 아이는 내가 가장 잘 압니다. 그래서 내가 하는 것처럼 아이를 돌볼 수 있는 다른 누군가를 생각하기란 쉽지 않지요. 하지만 기억하세요. 당신의 자리를 완전히 대체하려는 것이 아니라 당신을 대신할 차선의 인물을 고용하려는 겁니다. 메리 포핀스를 찾기 전에 알아두면 도움이 될 몇 가지 사항을 정리했습니다.

1 죄책감을 버리세요. 아니면 적어도 죄책감을 덜 느끼도록 노력하세요

말처럼 쉽지 않은 일이죠. 물론 죄책감이 들 것이고, 당신과 떨어져 있는 매 순간 당신의 아이가 무엇을 하고 있는지 걱정되고 궁금할 겁니다. 그런 기분은 충분히 자연스럽고 흔한 일이며 시간이 지나면서 차차 줄어들 거예요. 가능하면 점심시간에 아이를 보러 가거나, 하루는 늦게 출근하거나, 조금 일찍 퇴근하세요. 그렇게 틈틈이 보낸 시간들이 새로운 일상에 쉽게 적응하는 데 도움이 될 거예요.

2 당신의 아이입니다. 지금이야말로 당신의 엄마 본능을 발휘할 때예요

조사하는 동안 자신이 너무 조심스럽다고 생각하지 마세요. 어쩔 수 없는 일입니다. 당신의 아이이니까요. 면허와 증명서 확인을 요청하고, 가능한 많은 추천서를 받아서 전화로 확인합시다. 엄마 모임이나 SNS에서 의견을 들어보세요. 신원 조회와 지문을 요청하고, 필요한 경우 비용을 지불해 전문적으로 신원 조회를 하세요. 당신 아이를 돌보는 일을 누구에게 맡길 것인지를 결정하는 일에 너무 많은 조사 같은 건 없습니다.

3 도우미를 고용하기 위해 풀타임으로 일할 필요는 없습니다

도움을 받기 위해 주 40시간을 일해야 한다는 법은 없습니다. 당신은 일할 필요가 전혀 없습니다. 절대 불가능한 일이니 다 하려고 애쓰지 마세요.

4 공짜는 없습니다

일반적으로 아무런 대가 없이 가족이나 친구에게 아이를 돌보게 하는 경우가 많습니다. 너그러운 도움의 손길이기는 하지만, 어떤 것도 운에 맡기지 않도록 계약서나 서면 합의서를 작성해야 합니다. 그렇지 않고 임시로 정한 대로 따르게 되면 상대방은 호의를 베푸는 것이기 때문에 당신에게 발언권이 거의 없게 됩니다. 매달 소액의 금액을 건네든, 상품권을 건네든, 대신 부탁을 들어주든, 어떤 식으로든 보상하세요.

5 항상 대안을 마련합시다. 대안의 대안까지도 생각하세요

어느 날 느닷없이 돌봄 서비스를 이용할 수 없게 되는 것은 불가피한 일입니다. 보모가 아프거나 아이가 너무 아파서 어린이집에 갈 수 없는 등 어느 쪽이든 예상치 못한 이유나 긴급 상황이 발생할 수 있으니까요. 이런 상황이 항상 충분한 경고와 함께 벌어지는 것은 아닙니다. 집을 막 나설 때나 근무 시간 중에 이런 상황에 닥칠 수 있습니다. 어린이집을 이용할 수 없는 경우에 누가 아이와 집에서 지낼 수 있는지 확인하세요. 이 전체 과정의 초기 단계로 확실한 대안을 마련해둬야 합니다. 긴급 상황은 기다렸다가 편리한 시간에 일어나지 않습니다. 또한 대안이 반드시 당신의 요구 사항에 딱 들어맞지 않을 수도 있습니다. 그 말인즉, 대안의 대안이 필요하다는 뜻입니다.

6 미리 요구해서 결코 나쁠 건 없습니다

어쩌면 실제로 샘플세일 할 때 대신 줄을 서거나 아이에게 클링온(영화 〈스타트렉〉에 등장하는 가공 언어—옮긴이)을 가르쳐줄 돌보미를 원할 수도 있습니다. 직접 물어보기 전까지는 그런 일도 가능한지 결코 알 수 없죠. 당신이 원하는 것과 필요한 것을 솔직하게 있는 그대로 말하면서 동시에 상대방을 존중합시다. 돌보미의 가장 중요한 역할과 책임은 당신 아이를 돌보는 것이고, 상대방은 그 일을 할 수 있는 충분한 자격 요건을 갖추고 있습니다. 당신의 개인 비서로 대하는 것은 바람직하지 않아요. 추가할 사항에 대해서는 미리 합의를 보고 계약서에 포함시킵니다. 그리고 돌보미의 일반적인 업무 범위를 넘어서는 일을 부탁할 경우에는 추가 비용을 지불하세요.

7 체험 기간을 가지세요

당신이 선택한 돌보미가 당신과도 잘 맞고 당신 아기를 돌보는 일에 열의가 있는지도 알고 싶을 겁니다. 당신 아이의 일이니까요. 이를 확인하는 가장 좋은 방법은 유료 체험 기간을 갖는 겁니다. 상호 합의한 기간(최소 일주일) 동안 양측이 돌봄 서비스를 시험해보는 거예요. 이후 양 당사자는 계속하고 싶은지를 결정합니다. 돌보미 측에서 자신과 맞지 않는다고 결정할 수 있고, 당신에게도 마찬가지로 선택권이 있어서 계약상의 책임을 지기 전에 자신과 맞지 않는 상황을 종료할 수 있습니다.

8 의사소통 창구를 열어두세요

아이에 관해서는 질문이 많을수록 좋습니다. 이에 관해 돌봄 서비스 계약서에 명시되어 있는지 확인하세요. 평소에도 수시로 질문하고 우려 사항을 제기할 수 있도록 하세요. 지속적인 의사소통은 문제가 발생하기도 전에 상쇄하는 데 도움이 됩니다. 본격적으로 문제가 될 때까지 기다렸다가 이야기할 수는 없으니까요. 다시 말하지만, 당신의 아이입니다. 자꾸 물어봅시다.

9   좋은 고용주가 됩시다

보모나 어린이집 직원에게 직접 비용을 송금하지 않고 전문 업체나 결제 서비스 등을 통해 비용을 지불한다고 해도 당신은 여전히 고용주입니다. 당신이 아이를 위해 가능한 최고의 돌보미를 원하는 것처럼 상대도 가능한 최고의 고용주를 위해 일하고 싶어 하기 마련입니다. 돌보미를 정중하게 대하세요. 예를 들면, 평일 일과시간 중 당신의 아이와 함께 있는 보모에게 간단한 식사를 제공하거나, 어린이집 직원에게 커피 기프트 카드를 건네거나, 보모에게 깜짝 보너스 휴가를 줄 수 있어요. 금전적인 선물일 필요도 없습니다. 생일이나 명절에 아이와 함께 카드를 만들어 건네는 것도 방법이에요. 당신이 이들을 인정하고 존경하고 고맙게 생각하고 있음을 알리는 것만으로도 커다란 변화를 가져올 수 있습니다.

나가며

나는 마침내 엄마가 되었다. 그런데 이따금 그게 감당이 되지 않는 날이 있다.

12개월 된 아들과 손바닥 도장을 찍는 수업을 한 어느 날이었다. 집에 가져가려고 내가 만든 것을 챙기는데 아들의 이름이 적혀 있는 것을 보는 순간, 나는 엄마구나 하는 생각밖에 들지 않았다. 엄마라니! 가족이나 친구들이 이런 일을 겪는 모습을 방관자로서 지켜만 보다가 이제 내 차례가 된 것이다. 내 아이가 만든 귀엽지만 종종 정체를 알 수 없는 미술 작품을 냉장고에 붙여 놓는 사람이 된 것이다. 그것은 내가 오래도록 원했던 전부였고, 구겨진 종이 위에 찍힌 빨간 손자국은 내가 마침내 항상 원했던 순간에 도달했음을 일깨워주었다.

부모가 된다는 것은 〈오즈의 마법사 The Wizard of Oz〉에서 도로시의 여정과 아주 비슷하다. 천진난만하게 하루하루 지내던 중 어느 날 하늘이 어두워지고 회오리바람이 마을에 불어 닥친다. 당신은 이런 상황에 대해 가능한 모든 준비를 해두었다고 생각한다. 지하창고를 짓고 생필품을 비축해두었으니까. 하지만 회오리바람은 예상보다 훨씬 강력하다. 지나가는 곳마다 모든 것을 뽑아서 소용돌이 속에 빠뜨렸다가 다시 몽땅 뱉어 버리는 바람에 원래 자리에 있던 것은 아무것도 없다.

회오리바람이 지나고 난 뒤 주변은 온통 어둡고 흐릿하다. 처음 부모가 되고 나서 초기 역시 마찬가지이다. 엄마들끼리 공감하는 '백일의 어둠One Hundred Days of Darkness'이라는 우스갯소리 같은 이론이 있다. 갓난아기와 지내는 첫 3개월(엄밀히 말해 3.2개월)이 가장 힘들다는 것이다. 왜냐하면 당신은 어찌할 바를 모른 채 빽빽 우는 것만 좋아하는 이 작은 독재자의 부하로만 살기 때문이다. 하지만 3개월이 지나면 마법처럼 모든 것이 끝나기 시작한다는 것이다. 아기가 잠을 더 잘 수 있고, 점점 주변 상황에 관심을 보이면서 덜 보챈다. 엄마들은 아기 돌보는 기술에 점점 자신감이 생기고 엄마가 되면서 생긴 모든 변화에 더 잘 적응한다.

나는 이런 이야기를 듣고 희망이 생겼다. 좋아. 100일. 3개월. 저기 터널 끝에서 비추는 한 줄기 빛. 지금은 멀리 있으니 눈을 가늘게 떠야 볼 수 있을 테지만, 머지않아 바로 내 앞이 밝아지리라. 마침내 이 회오리바람의 여파가 언제쯤 사라지기 시작할 것인지 예상할 수 있는 기한이 정해졌다. 그리고 그때까지 버틴다는 목표도 생겼다.

101일째부터 모든 것이 완벽해질 거라고는 생각하지 않았지만, 한결 나아질 거라는 기대가 컸다. 실제 그렇다. 말하자면 어떤 사람들에게는 말이다. 나는 100일 이후에도 여전히 힘들었지만, 이 역시 흔한 일이다. 하지만 내가 산후 우울증을 앓고 있을지 모른다거나 아들이 정말 잠을 잘 자지 않는 아기일 뿐이라는 사실을 인정하는 대신 나는 원래 가졌던 생각에 다시 빠졌다. 영원히 이런 기분일거라는 생각.

○

내 생각은 틀렸다.

그때는 몰랐다.

하지만 지금은 알고 있다.

당신은 더 나아질 것이다.

당신은 내가 먼저 겪고 뒤늦게 깨달은 것들을 이용할 수 있다. 더 나아질 것이다. 안타깝게도 사람마다 다르기 때문에 당신이 따를 수 있는 정해진 날짜나 타임라인은 없다. 그러나 아기의 첫돌이 오기 훨씬 전에 마침내 그 회오리바람이 남긴 폐허의 자리에도 화창한 하늘이 얼굴을 내밀 거라고 약속할 수 있다.

하루하루 지날 때마다 주변 세상이 점점 밝아질 것이다. 그리고 당신의 눈은 밝은 빛에 적응하면서 회오리바람이 실제로 폐허만 남긴 것은 아니었음을 깨닫게 될 것이다. 물론 몇 가지는 바뀌었다. 하지만 모든 어둠을 날려버렸고, 처음으로 모든 것이 제 색깔을 띠게 되었다.

회오리바람이 지나간 이후의 세계를 더 깊이 들여다보면 당신에게 몇 가지 선물도 남겼다는 것을 알아챌 것이다. 아니면 당신은 그 선물들을 줄곧 가지고 있었던 걸까?

당신에게는 허수아비가 원했던 '두뇌'가 있다. 나 자신과 인간관계 그리고 아기를 돌보는 일에 대해 아주 많은 것을 배웠다. 당신에게는 겁쟁이 사자가 원했던 '용기'도 있다. 실제 출산을 겪고 초보 부모라는 어려움을 이겨내면서 자신이 얼마나 강한 사람인지 깨닫고 자신감이 치솟았다. 물론 양철 나무꾼이 원했던 '마음'도 있다. 마음이 더 넓어졌고 이제껏 생각했던 것보다 더 많이 사랑할 수 있음을 확인했다. 그리고 가족에게로 돌아가기를 원했던 도로시와 마찬가지로 마침내 집으로 돌아가는 길을 찾았고 엄마로서 새로운 삶에 적응 중이다.

그러나 그 첫해가 끝날 무렵이면 당신은 처음 만났던 그 작은 갓난쟁이와는 완전히 다른 아이를 키우게 될 것이다. 아기는 기어 다니거나 심지어 걷기도 할 것이고, 당신은 아기에게 안전한 환경을 조성하느라 분주할 것이다. 아기의 성격이 빠르게 발달할 것이고, 몇 마디 말을 할 수도 있다. 개인적으로 육아가 가장 즐거웠던 때였다. 내 아들은 무기력한 갓난쟁이에서 세상에 흥미를 보이는 아기였다가 말하고 걷고 잘 웃는 꼬마로 성장했다.

물론 첫해는 상상하는 것보다 더 힘들고, 밑바닥이 보이지 않는다. 하지만 그 꼭대기는 상상할 수 없을 정도이다. 아이가 처음으로 미소 짓거나 웃거나 당신에게 손을 뻗는 순간은 그 어떤 데도 비할 수 없다.

○

엄마가 된다는 것은 당신을 변화시킨다.
오히려 변하지 않는 것이 불가능하다.
하지만 그것이 나쁜 것은 아니다.

많은 사람들이 엄마 됨의 이런 개념을 깨뜨리려 하거나 아기를 낳기 전의 모습을 유지해야 한다고 말한다. 내 생각은 다르다. 우리는 아기와 인간관계 그리고 우리 자신을 위한 여유가 허용되는 삶을 살고 발전시켜야 한다.

아기는 성장하면서 수유 횟수가 더 줄어들 것이고, 당연히 잠도 잘 것이다. 유방울혈이 생기거나 가슴이 터질 듯한 느낌이 들지 않을 것이고, 선뜻 외출하고 싶은 마음이 들 것이다. 아기 없이 저녁을 먹으러 나가거나 주말여행을 갈 수도 있다. 오즈에 도착하면 이 모든 일이 일어날 것이다.

그리고 첫 돌잔치를 계획할 때가 되면 갓난쟁이를 키우는 어려움이 새로운 어려움으로 바뀌었음을 알게 될 것이다. 바로 걸음마쟁이를 키우는 고난과 시련이다. 그 작은 아기가 호기심 많고 때로는 통제 불능의 걸음마쟁이로 빠르게 성장할 것이다. 이는 다음 단계의 부모 역할에 도달했음을 알려주는 환영 인사인 셈이다. 이리저리 잘 빠져나가는 꼬마 돼지와 몸싸움을 하며 카시트에 태울 준비를 하자. 주변을 초토화시킨 뒤 공공장소에서 서둘러 도망칠 때는 아이를 서핑보드처럼 옆구리에 끼고 나갈 생각을 하자. 앞서 말했듯 어려움은 사라지지 않는다. 아이가 성장함에 따라 어려움도 변할 뿐이다.

엄마가 된 것은 이제껏 내가 한 일 중에 가장 잘한 일이다. 그렇다고 쉽다는 말은 아니다. 육아는 끝없는 두더지 잡기 게임을 하는 것과 같다. 유독 잡기 어려운 한 마리를 망치로 내려치면 세 마리가 더 고개를 내미는 식이다. 이 게임은 절대 끝나지 않는다.

에너지가 남아 있지 않은 상태에서는 이 게임을 할 수 없다. 아이를 포함해서 누구에게도 해줄 게 없을 것이다.

나가며

○

장담컨대 당신의 아기에게는 많은 것이 필요할 것이다.

그리고 알다시피, 그건 당신 역시 마찬가지이다.

● 들어가며
MacDorman M. F., E. Declercq. "Trends and state variations in out-of-hospital births in the United States, 2004-2017." *Birth* 46, no. 2 (June 2019): 279-288.
pubmed.ncbi.nlm.nih.gov/30537156/

● Chapter 3
Centers for Disease Control and Prevention. Breastfeeding report card: United States, 2022. U.S. Department of Health & Human Services.
www.cdc.gov/breastfeeding/pdf/2022-Breastfeeding-Report-Card-H.pdf

● Chapter 5
Karney, B. R., N. E. Frye. "'But we've been getting better lately': Comparing prospective and retrospective views of relationship development." *Journal of Personality and Social Psychology*, 82, no. 2 (2002): 222-238.
doi.org/10.1037/0022-3514.82.2.222

● Chapter 6
Burnham, M. M., B. L. Goodlin-Jones, E. E. Gaylor, T. F. Anders. "Nighttime sleep-wake patterns and self-soothing from birth to one year of age: a longitudinal intervention study," *Journal of Child Psychology and Psychiatry*, 43 (July 2002): 713-725.
doi.org/10.1111/1469-7610.00076
—

Rivkees, S. A., M. Mirmiran, R. L. Ariagno. "Circadian Rhythms in Infants," *NeoReviews*, no. 11 (November 2003): e298-e304.
doi.org/10.1542/neo.4-11-e298

—

Gold, J. "Sleeping like a baby is a $325 million industry," *Marketplace, American Public Media*, January 16, 2017.
www.marketplace.org/2017/01/16/sleeping-baby-325-million-industry/

● Chapter 8
Cleveland Clinic. "Lochia (Postpartum Bleeding): How Long, Stages, Smell & Color," *Cleveland Clinic Journal of Medicine*, Cleveland Clinic, March 11, 2022.
my.clevelandclinic.org/health/symptoms/22485-lochia

● Chapter 9
Bauman, B. L., J. Y. Ko, S. Cox, et al. "Postpartum Depressive Symptoms and Provider Discussions About Perinatal Depression." United States: 2018. Morbidity and Mortality Weekly Report 69, no. 19 (2002): 575-581.
dx.doi.org/10.15585/mmwr.mm6919a2

—

Ko, J. Y., K. M. Rockhill, V. T. Tong, B. Morrow, S. L. Farr. "Trends in Postpartum Depressive Symptoms—27 States, 2004, 2008, and 2012." Morbidity and Mortality Weekly Report 66, no. 6 (2017): 153-158.
dx.doi.org/10.15585/mmwr.mm6606a1

—

Byatt, N., et al. "Summary of Perinatal Mental Health Conditions." American College of Obstetrics and Gynecology (February 2022).
https://www.acog.org/-/media/project/acog/acogorg/files/forms/perinatal-mental-health-toolkit/summary-of-perinatal-mental-health-conditions.pdf

● Chapter 12
Child Care Aware of America, "Demanding Change: Repairing our Child Care System" (Washington: 2022).
info.childcareaware.org/hubfs/FINAL-Demanding%20Change%20Report-020322.pdf

부록

당신의 정신 건강에 도움이 되는 목록들

최고의 출산 가방 목록

인터넷에서 '출산 가방 싸기'라고 쉽게 검색할 수 있지만, 선택 사항이 끝도 없이
나올 거예요. 널리 알려진 거의 모든 출산 가방 준비물 목록을 읽고 비교했을 뿐
아니라 수백 명의 엄마들과도 이야기를 나누며 어지간한 것은 다 준비할 수 있는
목록을 정리했습니다. 당연히 커다란 캐리어가 필요할 거예요.

서류와 서류 작업	☐ 사진이 부착된 신분증과 건강보험증 ☐ 미리 작성해둔 병원 서류나 보험 서류 ☐ 담당 의사와 의료진을 위한 출산 계획서 사본 몇 부 　진통이 시작되면 잊어버리기 쉬워요. 미리 준비해두면 의료진 　에서 당신이 무엇을 원하고 필요로 하는지 알게 될 거예요. ☐ 사전의료지시서(서면 혹은 파트너나 가족이 구두로 전달) 　행여 그럴 일은 없겠지만, 상황이 잘못될 가능성은 항상 존재합 　니다. 당신 스스로 결정을 내리지 못할 경우를 대비해 의학적

치료에 대한 당신의 요구 사항을 명시해두세요.

☐ 제대혈 채취 키트(제대혈을 보관할 계획인 경우)

의류

☐ 가운

병원에서 지급하는 환자복은 등 부분이 오픈형인 경우가 많습니다. 저는 일어서서 걸을 수 있었을 때, 직접 챙겨온 가운을 입은 덕분에 산모용 속옷과 기저귀를 보이지 않을 수 있어 다행이었어요.

☐ 잠옷이나 평상복 또는 개별 구입한 환자복

병원에서 지급하는 환자복을 좋아하지 않고 자신의 편안한 옷을 선호하는 산모들이 있습니다. 개인적으로 저는 개인 옷이 아닌 환자복에 피를 묻히는 경향이 더 있더라고요.

☐ 큰 양말

미끄럼 방지 기능이 있는 포근한 양말이면 좋습니다. 저는 분만 전에 발이 얼 것 같았어요.

☐ 수유용 또는 수면용 브래지어

모유 수유 여부와 상관없이 출산 후에는 젖이 돌고 가슴이 커지고 욱신거립니다. 편안한 브래지어를 꼭 챙기세요.

☐ 여분의 속옷

☐ 슬리퍼 등 편안하고 신축성 있는 신발

어느 정도 발이 부어도 충분히 신을 수 있는지 꼭 확인하세요.

☐ 퇴원할 때 입을 옷

세면도구
(필수품)

- ☐ 칫솔, 치실, 치약
- ☐ 샴푸, 컨디셔너, 비누나 보디클렌저
- ☐ 유두 크림 (모유 수유를 계획한다면)
- ☐ 립밤
- ☐ 보디로션
- ☐ 빗
- ☐ 머리끈이나 머리핀 또는 머리띠

세면도구
(선택 사항)

- ☐ 세안용 물티슈
- ☐ 목욕용 수건과 세면용 수건
- ☐ 휴지나 비데용 물티슈
- ☐ 산후 관리 용품

  회음부 통증 스프레이 또는 패드, 치질 크림, 변비약, 휴대용
  비데, 성인용 기저귀 등

기타 용품

- ☐ 간식거리 및 생수
- ☐ 큰 물컵 또는 텀블러

  출산 후에는 물을 많이 마셔야 합니다. 모든 병원에서 산모가
  원하는 크기의 컵을 제공하는 것은 아니에요.

- ☐ 수유용 베개

  제왕절개 수술 때문에 복부가 아팠는데, 수유용 베개가 일종
  의 장벽 역할을 해서 갑작스럽게 움직일 때 복부 전체에 충격
  이 가는 것을 막아줬어요.

- ☐ 집에서 사용하던 베개

- ☐ 침대 시트와 베개 커버

  심리적 안정감에 도움이 되지만, 피가 묻어서 얼룩이 질 수 있다는 점을 고려하세요.

- ☐ 책, 태블릿, 노트북, 휴대용 게임기

  물론 출산 후에는 그다지 책을 읽고 싶은 마음이 들지 않겠지만, 분만에 들어가기까지 오래 걸릴 수 있어서 시간을 보내는 데 도움이 되는 방법을 찾고 싶을 수 있습니다.

- ☐ 줄이 아주 긴 충전 코드

- ☐ 휴대용 선풍기

  출산 후 덥다고 하는 산모들이 많습니다. 병실의 온도를 조절하는 것이 어려울 수도 있고요.

- ☐ 안대

  사람들이 밤에도 끊임없이 병실을 드나들 거예요. 실내등이 켜지고 꺼지는 것에 민감하다면 안대가 도움이 될 수 있습니다.

- ☐ 귀마개나 휴대용 스피커

  낮에 자고 싶은데 주변 소음 때문에 방해를 받을 수 있습니다.

- ☐ 수면등

  수면등이 있으면 머리 위 형광등 조명의 방해를 전부는 아니더라도 일부 막을 수 있어요.

- ☐ 간호사들을 위한 소정의 감사 선물

  퇴원하는 날 저는 간호사들에게 사탕 한 상자를 선물했어요.

퇴원 전에 물어볼
당신의 건강 관련 질문들

퇴원할 때 대부분의 주의 사항은 아기 관련 내용일 겁니다. 가능하면 입원해 있는 동안 병원에서 일하는 다양한 전문가들을 모두 활용하세요. 누군가 너무 많이 물어본다고 눈치를 주는 것 같아도 계속 질문합시다. 다름 아닌 '엄마'에 관한 질문들이니까요.

☐ 회음절개 봉합 부위나 제왕절개 봉합 부위는 어떻게 관리해야 하는지?

☐ 봉합 부위의 실밥은 저절로 떨어지는지? 만약 그렇다면 언제 떨어지는지? 만약 실밥 하나가 일찍 빠지면 어떻게 해야 하는지?

☐ 아직 모유가 돌지 않은 것인지? 모유가 도는 것을 어떻게 알 수 있는지?

☐ 모유관이 막히거나 유선염이 있다면 어떻게 알 수 있는지? 그런 증상이 있는 것 같다면 어떻게 해야 하는지? 이런 질환을 막으려면 어떻게 해야 하는지?

☐ 젖꼭지가 아프고 갈라지는 증상을 완화하는 방법 등 모유 수유에 대한 팁이 있다면?

☐ 무거운 것을 들 때 조심해야 하는지? 무게 제한이 있는지?

☐ 계단을 이용하는 것이 안전한지?

☐ 출혈량은 어느 정도가 정상인지?

☐ 통증은 어느 정도가 정상인지?

☐ 어떤 신체 증상을 우려해야 하는지?

☐ 임신 중에 복용한 비타민을 계속 복용해야 하는지?

☐ 복용해서는 안 되는 일반의약품이 있는지?

☐ 특별히 주의해서 섭취해야 하는 영양소가 있는지? 어떤 음식을 피해야 하는지?

☐ 매일 물을 얼마나 마셔야 하는지?

☐ 카페인 음료를 마셔도 되는지?

☐ 술을 마셔도 되는지?

☐ 퇴원 후 첫 번째 주에는 어느 정도 움직여야 하는지? 두 번째 주에는 어느 정도 움직여야 하는지?

☐ 운전을 해도 되는지?

☐ 물어볼 게 있거나 걱정되는 점이 있으면 누구에게 전화해야 하는지?

산모용 필수 화장실 용품 세트

진통과 분만 만큼이나 출산 후 화장실에 가는 일도 마찬가지로 두려움을 불러일으킵니다. 화장실을 사용할 때 특별히 편안함을 줄 수 있는 다음 물품을 준비해 보세요. 모아서 상자나 바구니에 담아두면 좋습니다.

- [ ] 휴대용 비데
  볼일을 본 다음 따뜻한 물을 뿌릴 때 사용하세요. 회음부를 휴지나 물티슈로 닦는 일은 끔찍합니다.

- [ ] 더모플라스트(회음부 통증 스프레이)
  자연 분만을 한 산모에게 유용한 회음부 통증 완화 제품입니다. 에어로졸캔(액화가스나 압축가스의 힘으로 내용물을 뿜어내도록 만든 캔—옮긴이) 형태이고, 주요 성분은 벤조카인(국소 마취제—옮긴이)입니다.

- [ ] 성능이 뛰어난 대형 생리대

- [ ] 쿨링 패드
  치질용 제품으로 나온 것이지만, 진정 효과가 있는 위치하젤(witch hazel, 알코올이나 물에 녹인 허브 추출액—옮긴이) 성분이 산후 회음부 조리에도 더할 나위 없이 좋습니다. 쿨링 효과를 위해 대형 생리대 위에 직접 부착할 수도 있어요.

- [ ] 여분의 속옷
  출산 후 처음 며칠 동안은 출혈이 특히 심하기 때문에 속옷을 자주 갈아입게 됩니다.

- [ ] 세정용 물티슈

집에서 하는 DIY 몸조리

출산으로 인한 통증이나 염증을 관리하는 데 도움이 되는 제품이 시중에 많이 있지만, 많은 엄마들이 그 효과를 확신하는 두 가지 DIY 치료법이 있습니다. 임신 막바지에 접어들었을 때 미리 만들어두면 나중에 퇴원해서 집으로 돌아왔을 때 바로 사용할 수 있어요.

패드시클

냉동실에 넣어 차갑게 만든 산모용 생리대로 통증, 따가움, 염증을 완화하는 데 도움이 됩니다. 위치하젤이나 알로에베라 등 피부 진정 효과가 있다고 하는 성분을 넣어 맞춤 제작할 수 있습니다. 회음부에 직접 닿는 제품은 사용하기 전에 의사와 상담하는 것이 좋은데, 불안하다면 물을 사용하세요.

☐ 준비물
  흡수력이 뛰어난 대형 생리대 1팩
  알루미늄 호일 1개
  무알콜 위치하젤 또는 물
  냉동 보관용 지퍼백
  100% 알로에베라 겔(선택 사항)

☐ 만드는 법
  1. 생리대를 감싸기에 충분한 크기로 알루미늄 호일을 자르고, 호일 위에 생리대를 하나씩 놓는다.
  2. 생리대 위에 위치하젤이나 물을 붓는다. 생리대에 너무 많이 흡수되지 않도록 주의하자. 그렇지 않으면 생리대를 착용했을 때 소변이나 혈액을 흡수할 수 없다.

3. 선택 사항으로, 알로에베라 겔을 소량 추가한다.
4. 모든 생리대에 이 과정을 반복한 후, 냉동시켰을 때 서로 붙지 않도록 하나씩 개별 포장한다. 냉동 보관용 지퍼백에 담아 냉동실에 넣고 마법이 일어나도록 기다리자.

☐ 사용법

냉동 보관된 패드시클 하나를 꺼내 실온에서 몇 분 동안 녹이자. 말 그대로 얼음처럼 차갑기 때문이다. 생리대 접착 부분이 속옷이나 성인용 기저귀에 닿도록 패드시클을 부착하자. 위치하젤이나 알로에베라 겔을 첨가한 경우에는 냉기가 사라진 후에도 진정 효과가 지속될 것이다.

콘드시클

이름(콘돔과 팝시클의 합성어—옮긴이)처럼 콘돔으로 만든 아이스바라고 할 수 있습니다. 물론 외용 전용으로 삽입할 필요는 없어요. 콘드시클은 아이스팩과 달리 그 위에 앉기에 완벽한 모양과 크기이고, 사타구니 공간에 딱 맞습니다.

☐ 준비물

무윤활제 콘돔 1팩(알레르기가 있다면 라텍스 성분이 없는 콘돔)
물
알루미늄 호일
냉동 보관용 지퍼백

☐ 만드는 법

1. 각 콘돔에 물을 채운 다음 물풍선처럼 끝을 묶는다.
2. 냉동시켰을 때 서로 붙지 않도록 알루미늄 호일로 하나씩 개별 포장한다.

3. 냉동 보관용 지퍼백에 담아 냉동실에 넣는다.

☐ 사용법

다른 아이스팩과 마찬가지로 피부가 콘드시클에 직접 닿아서
는 안 된다. 동상을 유발할 수 있으므로 피부와 콘드시클 사이
에 깨끗한 수건을 댄다. 또는 팬티라이너 끝에 구멍을 뚫고 겹
겹의 패드 사이에 콘드시클을 넣은 다음 속옷이나 성인용 기저
귀에 부착한다. 콘드시클의 효과는 보통 20분 정도 지속된다.

아기가 태어나기 전에
파트너와 상의해야 할 모든 것

부모가 되는 것에 온통 관심이 쏠리다 보면 크고 작은 부분을 너무 많이 놓칠 수 있습니다. 파트너와의 사이에 그런 상황이 벌어지는 것은 바라지 않을 거예요. 옹졸해지고, 긴장이 조성되고, 관계가 흔들리기 시작하니까요. 그러므로 차분하고 냉철하고 편안할 때(말하자면 아기가 태어나기 전에) 서로 호의를 가지고 대화를 나누세요.

병원에 있을 때

☐ 병원에 방문객이 오기를 원하는지? 그렇다면 누가 왔으면 하는지? 방문 시간을 제한하고 싶은지?

　(아기가 태어난 후에 다시 생각해보도록 메모를 해두세요. 그때는 생각이 달라질 수 있습니다.)

☐ 파트너가 병원에서 밤을 보낼지? 아니면 집에 가서 잠깐이라도 눈을 붙일지?

☐ 파트너가 아니라면 누가 당신과 함께 병원에서 지낼지?

☐ 분만실에서 또는 이후에 응급 상황이 발생하면 어떻게 할지? 엄마와 아기에 대한 사전의료지시서 문제는 어떻게 할지?

출산 후 집에 왔을 때

☐ 차, 택시 등 어떤 이동 수단으로 아기를 집에 데려올지?

☐ 집에 오는 방문객은 어떻게 할지? 방문 시간을 제한할지? 먼저 손 씻기를 요청할지? 마스크 착용을 요청할지? 누구든 오게 할지, 아니면 처음에는 가까운 가족과 친구를 오

게 할지?

(아기가 태어난 후에 다시 생각해보도록 메모를 해두세요. 그때
는 생각이 달라질 수 있습니다.)

☐ 첫 주에는 (최소한) 무엇을 먹고 싶은지? 요리를 할지, 배
달 음식을 시킬지, 패스트푸드를 사다 먹을지, 밀키트를
이용할지, 가족이나 친구가 음식을 가져오게 할지?

☐ 집에 돌아왔을 때 팬트리는 어떻게 또는 언제 채울지? 누
가 식료품 목록을 작성하고 구입을 할지? 마트에 갈 사람
이 있는지? 만약 있다면 누구인지? 식료품을 온라인으로
주문할지? 누가 주문할지?

☐ 잡다한 집안일을 누가 맡을지? 제왕절개 수술을 했다면
몇 주 동안은 집안일을 하지 않는 편이 좋은데, 집안일 가
운데 반드시 해야 할 일은 무엇인지? 일주일 정도 미뤄도
괜찮은 일이 있는지?

☐ 밥을 주고 산책을 시키는 등 누가 반려동물을 돌볼지?

☐ 어떻게 두 사람 모두 충분한 수면을 취할지? 낮에 잠깐씩
잘 것인지? 밤에 번갈아가며 잘 것인지?

**아기에게
필요한 것**

☐ 밤에 교대로 일어날지? 그렇다면 일정은 어떻게 할지?

☐ 기저귀는 누가 갈아줄지?

☐ 기저귀는 매장에서 구입할지 아니면 온라인으로 구입할
지? 기저귀 구입하는 일은 누가 맡을지?

☐ 기저귀 휴지통은 누가 비울지?

☐ 분유를 먹인다면 분유병 세척은 누가 할지? 아기 성장에
따라 더 큰 분유병을 구입하는 일은 누가 맡을지?

- ☐ 아기 빨래는 누가 세탁하고 개고 정리할지?
- ☐ 아기 목욕은 누가 시킬지? 교대로 할지 아니면 함께 할지?
- ☐ 아기가 입고 있는 옷 사이즈를 계속 기록하고, 사이즈가 커질 때 옷을 바꿔주는 일은 누가 할지?
- ☐ 소아과 진료 예약은 누가 할지? 소아과 진료에는 누가 데려갈지? 아기의 진료 기록은 누가 관리할지?
- ☐ 아기 선물의 감사 카드는 누가 작성하고 보낼지?

엄마에게 필요한 것	

- ☐ 몸조리하는 동안 파트너에게 기대하는 것은 무엇인지?
- ☐ 모유 수유, 분유 수유, 혼합 수유 중 어느 방식을 원하는지? 모유 수유를 한다면 만일의 경우를 대비해 타임라인을 정해서 시험적으로 해보고 싶은지? 엄마에게 최선이라면 분유 수유로 바꿀 용의가 있는지?
- ☐ 모유 유축 계획이 있는지? 그렇다면 보험회사 혹은 병원을 통해 유축기를 받는 일은 누가 맡을지?
- ☐ 모유 수유를 한다면 유축 후 젖병을 이용해서도 수유를 할 것인지? 그렇다면 파트너가 밤에도 수유를 도울 것인지? 파트너가 젖병과 유축기 세척을 도울 것인지?
- ☐ 당신이 산후 우울감이나 산후 우울증을 겪기 시작하면 어떻게 할 것인지? 당신과 파트너는 산후 우울감이나 산후 우울증이 무엇이며, 둘 사이의 차이점을 이해하고 있는지? 상황을 알아챌 징후 목록을 가지고 있는지?

육아에 관하여

- ☐ 아들을 낳는다면 포경 수술은 어떻게 할 것인지?
- ☐ (아기일 때와 유년기일 때 모두) 아이와 '능동적이고 교감하는 관계'를 맺는 것이 어떤 모습이라고 생각하는지?
- ☐ 특정 종교에 따라 아이를 키우고 싶은지?
- ☐ 생일이나 휴가를 어떤 식으로 뜻깊게 보내고 싶은지?
- ☐ 자신의 어린 시절 중 어떤 면을 부모로서의 역할에 반영하고 싶은지? 어떤 면을 피하고 싶은지?
- ☐ 아이에게 어떤 종류의 규칙을 적용할 것인지? 훈육에 대해 어떤 견해를 가지고 있는지?
- ☐ 수면 훈련에 관심이 있는지, 아니면 완전히 반대하는지?
- ☐ 가족들과 약간의 선을 두고 싶은지?
- ☐ 요청하지도 않은 조언에 어떻게 대처하고 싶은지? 무시할 것인지, 아니면 함께 이야기하고 판단할 것인지?
- ☐ 조부모님이나 다른 가족들에게 바라는 점은 무엇인지?
- ☐ 교육은 어떻게 할 계획인지? 공립학교, 사립학교, 종교계 학교 등 어떤 학교에 보낼 것인지?
- ☐ SNS에 아이 사진을 공유하고 싶은지? 만약 그렇다면 사진을 공개 설정할 것인지, 아니면 비공개 설정할 것인지? 어떤 SNS를 사용하고 싶은지?
- ☐ 두 사람 모두 일을 하는 경우, 아이가 아플 때 누가 하루 쉬면서 집에 같이 있을 것인지?
- ☐ 두 사람 모두 일을 할 예정이라면 육아 계획은 어떻게 되는지?
- ☐ 한 사람은 다시 직장에 나가고 다른 한 사람은 아기와 집에 있게 된다면 가사 부담이 달라지는지? 아기와 집에 있

는 사람은 어떻게 휴식을 취할 것인지?

☐ 아이와 관련된 '정신적 부담'을 두 사람 모두 감당할 것인지? 각종 병원 진료와 학교 제출 서류는 누가 계속 챙길 것인지?

☐ 해야 할 일의 목록을 함께 작성하고 실행할 것인지? 아니면 한 사람이 모든 목록을 작성하고 다른 한 사람은 그대로 따를 것인지?

☐ 도움이 필요할 때 누구에게 전화를 할 것인지? 가족인지? 친구인지? 전화하고 싶지 않은 사람은 누구인지?

☐ 어떤 방식이나 해결책 또는 제품이 효과가 없을 경우 어느 정도 시도해본 뒤 다른 것으로 넘어가고 싶은지?

**집안일에
관하여**

☐ 앞으로 집안 청소는 누가 할지? 한 사람이 아기를 보는 동안 다른 한 사람이 청소를 할지? 일주일에 하루 날을 잡아 청소를 할 것인지, 아니면 청소 서비스를 신청할 것인지?

☐ 아기가 태어나고 나면 반려동물은 누가 돌볼 것인지?

☐ 갓난아기와 함께 지내는 처음 몇 개월 동안 식사는 어떻게 할 계획인지? 누가 요리를 할 것인지? 평소처럼 함께 식사를 할 것인지, 아니면 간단히 끼니를 때울 것인지?

☐ 가계부를 쓰는지? 가계 재무는 누가 관리할 것인지?

파트너와의 관계에 관하여

- ☐ 두 사람은 아이와 가족을 위한 시간을 더 할애하기 위해 출산 전 생활에서 어떤 것을 조정할 의향이 있는지?
- ☐ 아기와 떨어져 단둘이 보내는 시간을 어떻게 가질 것인지?
- ☐ 각자 혼자 있는 시간을 어떻게 가질 것인지?
- ☐ 각자에게 정말로 필요한 것은 무엇인지? 운동할 시간? 파트너가 아기를 데리고 나가 있는 동안 집에서 홀로 보내는 시간?
- ☐ 두 사람의 관계에 문제가 있다는 느낌이 들면 각자 상담받으러 갈 의향이 있는지?
- ☐ 파트너는 당신 없이 치료를 받으러 갈 의향이 있는지?
- ☐ 상담을 받으러 가기 전에 커플로서 얼마나 기다려볼 것인지? 반드시 자주 서로 연락하고 상대방의 기분을 확인할 것인지?
- ☐ 성관계를 가질 준비가 되지 않은 경우, 손을 잡거나 껴안는 등 육체적인 관계를 유지하기 위한 계획은 무엇인지?
- ☐ 여전히 매력적으로 생각한다고 파트너를 안심시킬 만한 확실한 말이 있는지?

육아와 관련한
고려 사항 목록

육아 방식을 결정하는 일은 포괄적이면서도 하나하나 따져야 하는 감정적인 과정이 될 수 있습니다. 어디서부터 시작해야 할지 모른다면 더욱 그렇죠. 돌봄 서비스를 이용할 때 도움이 되도록 해당 분야 전문가들의 조언을 정리했습니다.

비용	
	☐ 연간 육아 비용은 어느 정도 예상하는지? 육아 비용 상한액은 얼마인지?
	☐ 입주 돌보미를 고용할 계획이라면 높은 시급이나 유급 휴가(병가, 휴가 등)를 감당할 여력이 있는지?
	☐ 수수료나 임금 인상, 금융 투자처럼 연중 발생할 수 있는 예상치 못한 비용을 감당할 수 있는지?
	☐ 돌보미가 올 수 없을 때 대체 돌보미 비용을 감당할 수 있는지?

아이와 관련한 개별적인 요구 사항	
	☐ 아이에게 음식 알레르기가 있는지? 아이의 편의를 봐줄 수 있는지? 음식은 어디에서 준비되고, 교차 오염의 가능성은 없는지?
	☐ 아이에게 배변 훈련을 시켜야 하는지?
	☐ 아이가 기저귀를 하고 있다면 얼마나 자주 갈아주는지? 아이마다 기저귀를 개별 확인하는지, 아니면 정해진 일정에 따라 기저귀를 교체하는지? 집에서 배변 훈련 중이라면 돌보미가 아이의 배변 훈련을 도와줄 수 있는지?

□ 아이가 낮에 복용해야 하는 약이 있는지?

□ 아이에게 특별한 요구 사항이나 알레르기가 있는지? 아이의 편의를 봐줄 수 있는지?

□ 집에서 어떤 언어를 사용하는지? 집에서 여러 언어를 사용하는 경우, 돌보미가 사용했으면 하는 언어가 있는지?

□ 돌보미가 수용해주었으면 하는 종교적 관습이나 문화적 관습이 있는지?

□ 돌보미의 반려동물이나 어린이집 친구의 반려동물처럼 아이가 어떤 동물에 노출되는지?

안전에 관하여

□ 돌봄 시설과 직원은 어떤 종류의 면허증과 자격증을 가지고 있고, 현재도 유효한지?

□ 직원 전체의 신원 조사를 실시했는지?

□ 모든 직원이 CPR 자격증이 있는지?

□ 예방접종 수칙은 무엇인지?

□ 개인적으로 연락하거나 상담할 수 있는 사람을 알려줄 수 있는지?

□ 응급 상황의 대비책은 무엇인지?

□ 방문객에 대한 원칙은 무엇인지?

□ 시설은 얼마나 자주 청소하고 소독을 하는지?

□ 가족의 전염병 수칙은 무엇인지?

□ 병가 원칙은 무엇인지? 아이가 열이 있거나 콧물이 나면 집에 있어야 하는지?

□ 개인 돌보미를 고용한 경우, 아이가 아플 때 돌보미의 수칙은 무엇인지?

☐ 낮잠 장소가 별도로 있는지? 어떤 환경이고 아이는 어디에서 자는지?

☐ SNS 수칙은 무엇인지? 돌보미가 운영하는 홈페이지나 SNS에 올라가는 사진에 아이가 나오지 않기를 원하는지?

세부사항

☐ 돌보미 대 아동의 비율은 어떻게 되는지?

☐ 돌봄 시간은 어느 정도 필요한지? 풀타임인지, 파트타임인지?

☐ 특별한 돌봄 서비스나 돌봄 시간 연장이 필요한지? 그럴 경우 돌봄 시설이나 돌보미 측에서 편의를 봐줄 수 있는지? 추가 비용은 얼마인지?

☐ 아이를 늦게 픽업하는 경우의 수칙은 무엇인지?

☐ 휴가 계획이 있는지? 돌봄 시설이나 돌보미에게 얼마나 미리 알려줘야 하는지? 비용은 계속 지불해야 하는지?
(계약서에는 해당 연도에 돌봄 서비스가 필요한 일정 기간(일수나 주)이 포함되어야 하고, 돌봄 서비스를 취소하더라도 정해진 기간에 대해서는 전부 비용을 지불해야 합니다.)

☐ 돌봄 시설이나 돌보미가 휴가나 공휴일 또는 기타 이유로 돌봄 서비스를 제공할 수 없는 날이 있는지?

☐ 공휴일에도 돌봄 서비스가 필요한지?

☐ 아이의 식사와 간식도 챙겨야 하는지? 그렇지 않다면 아이에게 어떤 식사와 간식이 제공되는지?

☐ 아이에게 필요한 물품을 집에서 보내야 하는지?

☐ 돌보미는 전화나 문자를 휴식 시간이나 낮잠 시간에만 이용할 수 있다는 등 전화와 전자기기 사용에 관한 요구 사

항이 있는지?

(아이가 따라 할 수 있어 전자기기의 과도한 사용에 노출되지 않도록 요청하는 것은 타당합니다.)

교육 과정

- [ ] 보통 하루 일과는 어떤지?
- [ ] 교육 커리큘럼이 있는지?
- [ ] 자연 학습, 놀이 학습 등 아이를 위해 어떤 학습 방식을 원하는지?
- [ ] 아이의 학습에 있어 정해진 목표가 있는지?
- [ ] 아이가 언어, 수학, 미술, 음악 등 특정 과목을 접하기를 바라는지?

관례와 수칙

- [ ] 훈육은 어떤 방식으로 하는지?
- [ ] 분위기를 해치는 아이들은 어떻게 다루는지? 따돌림 방지 대책은 무엇인지?
- [ ] 돌보미가 아이와 포옹을 주고받기를 원하는지?
- [ ] 겁내거나 아프거나 부모를 찾거나 전반적으로 감정이 불안한 아이를 어떻게 다루는지?
- [ ] 아이들 사이의 갈등이나 아이와 돌보미 사이의 갈등을 어떻게 해결하는지? 사례를 들어줄 수 있는지?
- [ ] 돌보미는 스트레스를 어떻게 감당하는지?

의사소통

☐ 아이의 발달을 확인하는 정해진 일정이 있는지? 추가 확인 일정을 잡을 수 있는지?

☐ 대면, 전화, 이메일 등 자신에게 가장 적합한 연락 방식은 무엇인지? 그 방식이 돌보미도 괜찮은지?

☐ 하루 중 언제 연락하고 싶은지? 돌보미는 이것을 배려해 줄 수 있는지?

☐ 아이가 다친 경우, 돌보미가 사고 경위서를 작성해서 구체적인 내용을 세세히 알려주는지? 어느 정도가 사고에 해당하는지?

☐ 아이의 행동에 대해 매일 알려주기를 원하는지? 매주 알려주기를 원하는지?

☐ 부모에게 돌봄 과정을 실시간으로 보여주기를 원하는지?

비용 지급

☐ 계약서에는 어떤 내용들이 포함되는지?

☐ 비용 지급 일정은 어떻게 되는지?

☐ 송금, 신용카드 결제 등 어떤 지급 방식이 가능한지?

☐ 기본 비용과는 별도로 추가 비용이 발생하는지? 그렇다면 추가 비용은 무엇인지? 정해진 지급 일정이 있는지?

☐ 돌보미는 유료 체험 기간을 실시해보고 나서 당사자들끼리 잘 맞는지를 판단하고 계약을 진행하는 방식에 동의하는지?

재택 돌봄 서비스를 위한
확인 사항

☐ 돌보미에게 운전을 부탁할 일이 있는지? 그렇다면 차량
을 제공할 것인지? 돌보미에게 운전면허증과 보험증서가
있는지? 운전 기록 사본을 제출할 수 있는지?

☐ 돌보미가 아이에게 요리해주기를 원하는지?

☐ 돌보미에게 음식과 간식을 제공할 것인지, 아니면 본인의
것은 직접 가져오기를 바라는지?

☐ 돌보미의 업무 범위에는 무엇이 포함되는지?

☐ 돌보미가 도와주었으면 하는 집안일이 있는지?
  (반려견 산책, 개인적인 용무 부탁, 아이와 직접 관련이 없는 일
  등 추가 업무는 별도로 비용을 지급해야 합니다.)

☐ 돌보미가 아이를 음악, 체육 등 여가 활동 수업에 데려다
주기를 원하는지?

☐ 야외 산책하기, 공원 가기, 동네 도서관 수업 참석하기 등
아이의 하루 일정에 특별한 요구 사항이 있는지?

☐ 근무 시간 중에 돌보미가 집으로 친구를 부르는 것을 제
지할 것인지?

☐ 돌보미가 긴급하지 않은 일로 자리를 비워야 할 경우 얼
마나 미리 통보해주기를 바라는지?

나는 내 삶도 소중한
엄마입니다

초판 1쇄 발행 · 2024년 8월 31일

지은이 · 베키 비에이라
옮긴이 · 정미화
발행인 · 이종원
발행처 · (주)도서출판 길벗
출판사 등록일 · 1990년 12월 24일
주소 · 서울시 마포구 월드컵로 10길 56(서교동)
대표 전화 · 02)332-0931 | **팩스** · 02)323-0586
홈페이지 · www.gilbut.co.kr | **이메일** · gilbut@gilbut.co.kr

기획 및 책임편집 · 이미현(lmh@gilbut.co.kr) | **마케팅** · 이수미, 장봉석, 최소영 | **유통혁신** · 한준희
제작 · 이준호, 손일순, 이진혁 | **영업관리** · 김명자, 심선숙, 정경화 | **독자지원** · 윤정아

디자인 · 여만엽 | **인쇄** · 영림인쇄 | **제본** · 영림제본

ISBN 979-11-407-0991-5 03590

(길벗 도서번호 050215)

독자의 1초까지 아껴주는 정성 길벗출판사

(주)도서출판 길벗 | IT교육서, IT단행본, 경제경영서, 어학&실용서, 인문교양서, 자녀교육서 www.gilbut.co.kr
길벗스쿨 | 국어학습, 수학학습, 어린이교양, 주니어 어학학습, 학습단행본 www.gilbutschool.co.kr